Samiha Nfissi
Saida Alikouss
Youssef Zerhouni

Neutralisation des rejets miniers acides par amendement alcalin

Samiha Nfissi
Saida Alikouss
Youssef Zerhouni

Neutralisation des rejets miniers acides par amendement alcalin

Cas de la mine de Kettara, Jebilet centrales (Maroc)

Presses Académiques Francophones

Impressum / Mentions légales
Bibliografische Information der Deutschen Nationalbibliothek: Die Deutsche Nationalbibliothek verzeichnet diese Publikation in der Deutschen Nationalbibliografie; detaillierte bibliografische Daten sind im Internet über http://dnb.d-nb.de abrufbar.
Alle in diesem Buch genannten Marken und Produktnamen unterliegen warenzeichen-, marken- oder patentrechtlichem Schutz bzw. sind Warenzeichen oder eingetragene Warenzeichen der jeweiligen Inhaber. Die Wiedergabe von Marken, Produktnamen, Gebrauchsnamen, Handelsnamen, Warenbezeichnungen u.s.w. in diesem Werk berechtigt auch ohne besondere Kennzeichnung nicht zu der Annahme, dass solche Namen im Sinne der Warenzeichen- und Markenschutzgesetzgebung als frei zu betrachten wären und daher von jedermann benutzt werden dürften.

Information bibliographique publiée par la Deutsche Nationalbibliothek: La Deutsche Nationalbibliothek inscrit cette publication à la Deutsche Nationalbibliografie; des données bibliographiques détaillées sont disponibles sur internet à l'adresse http://dnb.d-nb.de.
Toutes marques et noms de produits mentionnés dans ce livre demeurent sous la protection des marques, des marques déposées et des brevets, et sont des marques ou des marques déposées de leurs détenteurs respectifs. L'utilisation des marques, noms de produits, noms communs, noms commerciaux, descriptions de produits, etc, même sans qu'ils soient mentionnés de façon particulière dans ce livre ne signifie en aucune façon que ces noms peuvent être utilisés sans restriction à l'égard de la législation pour la protection des marques et des marques déposées et pourraient donc être utilisés par quiconque.

Coverbild / Photo de couverture: www.ingimage.com

Verlag / Editeur:
Presses Académiques Francophones
ist ein Imprint der / est une marque déposée de
OmniScriptum GmbH & Co. KG
Heinrich-Böcking-Str. 6-8, 66121 Saarbrücken, Deutschland / Allemagne
Email: info@presses-academiques.com

Herstellung: siehe letzte Seite /
Impression: voir la dernière page
ISBN: 978-3-8416-3083-4

Zugl. / Agréé par: Casablanca, Université Hassan II-Casablanca, 2013

REMERCIEMENTS

Le présent travail n'aurait pas été possible sans la contribution et le soutien de plusieurs personnes pour lesquelles je tiens à exprimer ma profonde gratitude.

Je tiens à remercier tout d'abord le professeur **Saâd CHARIF d'OUAZZANE** Président de l'Université Hassan II-Mohammedia et le Professeur **M'hammed Said EL KEBBAJ** Doyen de la Faculté des Sciences Ben M'Sik de Casablanca pour les efforts et les encouragements qu'ils accordent à la recherche scientifique.

Qu'il me soit permis d'exprimer ma profonde reconnaissance et mes remerciements les plus sincères :

A ma directrice de thèse le Professeur **Saida ALIKOUSS**, Enseignante à la Faculté des Sciences Ben M'Sik, Département de Géologie, de m'avoir confié ce travail et de l'avoir dirigé et suivi de près jusqu'à l'aboutissement. Je la remercie également pour ses compétences scientifiques et ses qualités humaines ainsi que pour ses critiques constructives et ses conseils qui m'ont poussé à aller de l'avant et à approfondir mes connaissances scientifiques. Qu'elle trouve ici l'expression de toute ma reconnaissance et mon estime.

Au Professeur **Youssef ZERHOUNI**, Enseignant à la Faculté des Sciences Ben M'Sik, Département de Géologie, d'avoir co-encadré cette thèse et de m'avoir soutenue et orientée à mes débuts dans le domaine de l'environnement. Sa disponibilité le long de la réalisation de ce travail, sa rigueur scientifique m'ont été d'une grande aide ainsi que son soutien moral et matériel. Je lui exprime toute ma gratitude et mon profond respect.

Au Professeur **Abdessadek CHTAINI**, Ex-Professeur à la Faculté des Sciences Ben M'Sik, Département de Géologie, qui m'a confié ce travail de thèse et pour ses précieux conseils et sa générosité et également pour tous les documents qu'il m'a fournis.

Au Professeur **Mostafa BENZAAZOUA**, Professeur à l'Institut National des Sciences Appliquées (INSA, Lyon), France, et Ex-Professeur à l'Université du Québec en Abitibi-Témiscamingue (UQAT), Canada, d'avoir co-encadré cette thèse malgré ses nombreuses occupations. Je le remercie également pour sa collaboration, son encouragement et sa rigueur scientifique.

Au Professeur **Rachid HAKKOU**, Professeur à l'Université Cadi Ayyad, Facultés des Sciences et Technique, Gueliz, Département des Sciences Chimiques à Marrakech, de m'avoir accueilli et encadré au cours de ces années de thèse. Je le remercie pour son soutien, ses conseils et sa rigueur scientifique ainsi que pour les nombreuses discussions constructives qu'il m'a toujours accordées.

A Monsieur **Hassan BOUZAHZAH** d'avoir assuré le co-encadrement de mon travail de thèse avec bienveillance. Son soutien, tout au long de cette thèse malgré ses multiples occupations. Je le remercie pour m'avoir guidé depuis mes premiers pas dans mon mémoire jusqu'à la dernière rédaction.

Au Professeur **Abdelmajid BENBOUZIANE**, Vice Doyen et professeur à la Faculté des Sciences Ben M'Sik pour l'honneur qu'il m'a fait en acceptant d'être rapporteur de cette thèse et président de son jury. Je le remercie également pour l'intérêt qu'il a porté à ce travail. Qu'il soit rassuré de ma sincère reconnaissance.

Aux Professeurs **El Hassan BERRAOUZ**, Professeur à l'Université Ibnou Zohr, Faculté des Sciences d'Agadir et **Abdelkhalek AL ANSARI**, Professeur à l'Université Cadi Ayyad, Faculté des Sciences Semlalia, Département de Géologie à Marrakech d'avoir accepté de juger ce travail en tant que rapporteurs et de s'être déplacé afin de siéger à mon jury de thèse. Qu'ils soient rassurés de mes sincères remerciements.

Au Professeur **Zouhair BARROUDI,** Professeur à la faculté des Sciences Ben M'Sik, Département de géologie. Je le remercie de m'avoir aidé à surmonter les obstacles du travail, qui n'a jamais manqué de me guider tout au long de ces années de thèse. Je le remercie vivement pour son soutien, ses conseils, sa disponibilité, sa sympathie et pour ses qualités humaines. Qu'il trouve ici l'expression de ma reconnaissance et de mon profond respect.

Au Professeur **Ghalem ZAHOUR,** Professeur et directeur adjoint du laboratoire de Géologie Appliquée, Géomatique et Environnement à la Faculté des Sciences Ben M'Sik, Département de Géologie. Je le remercie vivement pour avoir accepté de juger ce travail et pour ses précieux conseils, son encouragement et sa disponibilité. Qu'il trouve ici l'expression de ma gratitude.

Aux Messieurs **Hassan HANNACHE,** Professeur à la Faculté des Sciences Ben M'Sik d'avoir accepté d'être rapporteur de ce travail et membre de son jury et **Youness ABBOUD** de m'avoir soutenu pour les analyses chimiques réalisés au sein de la salle d'analyse au Département de Chimie. Je les remercie pour leur serviabilité et leur soutien.

Au Professeur **Mohammed SAMIR,** Professeur à la faculté des Sciences Ben M'Sik, Département de géologie, de m'avoir accueillit au cours ces années de thèse. Je le remercie vivement pour sa générosité, son soutien, son encouragement et sa disponibilité qu'il n'a pas arrêté de me donner tout au long de mon parcours doctoral. Qu'il trouve ici l'expression de ma profonde reconnaissance.

Au Professeur **Mustapha MOUFLIH,** Professeur à la Faculté des Sciences Ben M'Sik, Département de Géologie, de m'avoir accueilli au sein du laboratoire des Géo-ressources Sédimentaires et Environnement et d'avoir mis à ma disposition tout le matériel des analyses granulométriques, de la calcimétrie,…. dont j'ai eu besoin. Je le remercie pour sa grande serviabilité et ses qualités humaines.

Au Professeur **Said OUBRAIM,** Professeur à la Faculté des Sciences de m'avoir accueilli au sein du laboratoire d'Ecologie et d'Environnement du Département de Biologie pour les mesures des sulfates. Je lui adresse tout mon respect et ma reconnaissance.

Aux Messieurs **Abdelhamid KARIM,** Responsable au siège de la Cimenterie Lafarge, Casablanca et **Abderrahim BENLEMLIH,** Responsable à l'usine de la Cimenterie Lafarge de Bouskoura, de nous avoir fourni les échantillons des poussières de four qui ont servi à l'amendement. Je les remercie pour leur collaboration et leurs sympathies. Qu'ils trouvent ici l'expression de ma profonde reconnaissance.

A Monsieur **Noureddine SBAI,** Responsable à la Centrale Thermique de Jorf Lasfar (JLEC), d'avoir facilité la réalisation des prélèvements. Je lui adresse tous mes remerciements.

A Monsieur **David O'BRIEN,** Responsable des programmes à la CRDI. Je le remercie pour sa précieuse collaboration afin d'intégrer le projet de thèse dans le cadre de la Chaire de Recherche du CRDI 'en Gestion et Stabilisation des Rejets Industriels et Miniers'.

A tous les agents de recherche et les techniciens des laboratoires de l'**URSTM**, Québec. Je les remercie pour la collaboration et le soutien qu'ils m'ont prodigué pour la réalisation des analyses. Qu'ils trouvent ici l'expression de ma grande reconnaissance et mon profond respect.

Aux ingénieurs et techniciens des laboratoires de **CNRST**, Rabat. Je les remercie pour m'avoir assuré la réalisation des analyses.

Au Professeur **Mariam ELADNANI,** Professeur à l'Ecole Nationale de l'Industrie Minérale (ENIM, Rabat). Je la remercie pour sa sympathie et son soutien.

Aux Professeurs **Mohammed LAHMAM et Thami EL KHANCHAOUI,** Professeurs à la Faculté des Sciences Ben MSsik, Département de Géologie. Je les remercie pour tous les conseils pertinents et pour leur sympathie.

Au Professeur **Najib SABER,** Professeur et Chef du Département de Géologie à la Faculté des Sciences Ben M'Sik. Je le remercie pour l'intérêt qu'il a porté à ce travail et pour son encouragement ainsi que pour ses qualités humaines.

Je remercie aussi les employés au Département de Géologie et spécialement Madame Fouzia et Madame Malika pour leur gentillesse et leurs aides. Je leur exprime ici ma profonde gratitude et ma très sincère reconnaissance.

Mes remerciements s'adressent à mes amies de m'avoir soutenues et écoutées tout au long de cette thèse et à tous mes collègues les thésards de la Faculté des Sciences Ben M'Sik. Je les remercie chaleureusement pour leur aide précieuse et leur collaboration au cours de mes travaux sur le terrain et au laboratoire : Soumia CHAHIDI, Fatna, Hajar, Aziz, Jihad, Soumia, Hafid, Imad, Si mohammed, Driss, Mehdi et Youssef.

Un grand merci aux thésards et techniciens du laboratoire de l'équipe de Chimie des Matériaux et de l'Environnement, Faculté des Sciences et Techniques à Marrakech et spécialement à Omar et Ghezlane pour leur soutien, leur disponibilité ainsi que pour leurs qualités humaines. Qu'ils trouvent ici l'expression de mon estime.

A tous les membres de ma famille pour leur soutien moral et matériel, pour leur compréhension et leur encouragement.

Un grand merci est spécialement dédié à mes parents, à mes sœurs Houda, Meriem et mon frère Jamal qui m'ont encouragé tout au long de mon parcours universitaire. Je leur adresse toute ma gratitude.

RESUME

Le drainage minier acide (DMA) constitue un des problèmes majeurs de l'industrie minière à l'échelle mondiale. Il se produit naturellement lorsque les résidus miniers sulfurés s'oxydent au contact de l'eau et de l'oxygène et génèrent un lixiviat acide. A ce titre, une prédiction fiable du DMA, qui regroupe un certain nombre de méthodes de caractérisation, est indispensable afin de déterminer le type et par conséquent, les scénarios et les techniques d'atténuation du phénomène.

La mine de Kettara, choisie comme site pilote, a produit environ 3Mt de résidus miniers (TK) riches en sulfures, entreposés à même le sol dans un parc à résidus d'une superficie d'environ 16 ha. Ces résidus solides produisent des lixiviats très acides (1,5 <pH < 2,9) qui sont riches en métaux lourds (As, Pb, Fe, Cr, Cu, Mn....), susceptibles de contaminer les ressources hydriques de la région.

Différents protocoles sont proposés afin de contrôler le DMA de Kettara en utilisant des poussières de four de cimenterie (CKD) et de cendres volantes (FA) d'une centrale thermique.

Les essais cinétiques de neutralisation du DMA ont permis de déterminer les ratios des CKD, des FA et des TK susceptibles de neutraliser ce phénomène par des essais préliminaires à petite échelle.

Ce protocole a fourni des résultats encourageants pour l'amendement composé de 80% de CKD et 20% de FA dans la stabilisation in situ des rejets miniers. Une augmentation substantielle du pH (7,15) et la formation d'une couche barrière qui empêche l'infiltration des lixiviats acides furent observées.

L'efficacité de la disposition des sous produits industriels comme amendement et/ou couverture des résidus miniers a été prouvé par le contrôle de l'évolution de la qualité des lixiviats sur des colonnes à grande échelle.

Tout au long de cet essai cinétique, le pH a augmenté légèrement pour les colonnes qui contiennent des proportions du mélange de CKD et de FA allant de 30% à 35%.

La disposition des matériaux en une couche couverture (CKD+FA), surplombant une couche amendée (CKD+FA+TK) joue un rôle clé pour la stabilisation et l'atténuation des dommages environnementaux causées par les résidus miniers de Kettara.

Mots clés : Drainage minier acide-environnement- Kettara- CKD- FA- amendement alcalin-essais cinétiques

4

ABSTRACT

Acid mine drainage (AMD) is a major problem in the mining industry worldwide. It naturally occurs when sulphide tailings oxidize on contact with water and oxygen and generate acidic leachate. As such, a reliable prediction of AMD, which includes a number of characterization methods, is essential to determine the type and therefore the scenarios and mitigation techniques of the phenomenon.

Kettara Mine chosen as a pilot site, produced about 3Mt the tailings (TK) sulfides rich, stored on the floor in a tailings park with an area of about 16 ha. These solid waste produced leachate highly acidic (1.5 <pH <2.9) that are rich in heavy metals (As, Pb, Fe, Cr, Cu, Mn ....) may contaminate the water resources of the region.

Different protocols are proposed to control the AMD in Kettara mine, using cement kiln dust (CKD) and fly ash (FA) of a thermal power plant.

Kinetic tests of neutralization the AMD have determined the ratios of CKD, the FA and the TK could neutralize this phenomenon by preliminary tests on a small scale.

This protocol has provided encouraging results for the amendment consists of 80% CKD and 20% of FA in the stabilization of tailings. A substantial increase in pH (7.15) and the formation of a barrier layer which prevents the infiltration of acidic leachates were observed.

The effectiveness of the provision of industrial by-products such amendment and/or coverage of tailings has been proven by controlling the evolution of the leachate quality on large scale on columns.

Throughout this kinetic test, the pH increased slightly for the columns that contain the mixing ratio of CKD and FA from the 30% to 35%. The provision of a cover layer material (CKD + FA), overlying an amended layer (CKD + FA + TK) plays a key role in the stabilization and mitigation of environmental damage caused by tailings mine Kettara.

Keywords : Acid Mine Drainage- environment- Kettara-CKD-FA- alkali amendment- kinetic tests

TABLE DES MATIERES

8

LISTE DES FIGURES

LISTE DES TABLEAUX

Partie IV

LISTE DES PHOTOS

LISTE DES ABREVIATIONS

ABA	Acid-Base Accounting
ATG	Analyse thermogravimétrique
CEBC	Couvertures à effets de barrière capillaire
CKD	Cement Kiln Dust
CNRST	Centre National de Recherche Scientifique et Technique, Rabat, Maroc
CRDI	Chaire de Recherche du Centre de Recherches pour le Développement International
DMA	Drainage Minier Acide
DRX	Diffraction des Rayons X
Eh	Potentiel d'oxydoréduction
Ep	Eaux de puits à Kettara
ETP	Evapotranspiration potentielle
ETR	Evapotranspiration réelle
FA	Fly Ach
FX	Spectromètrie de Fluorescence X
H_2O_2	Peroxyde d'hydrogène
HCl	Acide chlorhydrique
LTk	Leachate tailings Kettara
M_1	Mélange de 80% de CKD + 20% de FA
M_2	Mélange de 2/3 Résidus miniers + 1/3 (M_1)
MEB	Microscope électronique à balayage
NaOH	Hydroxyde de sodium
NE	Nord Est
ICP-AES	Inductively coupled plasma atomic emission spectroscopy
IR	Analyse par infrarouge
PA	Potentiel de génération d'acidité (kg $CaCO_3$/t)
PF	Perte au Feu
PN	Potentiel de neutralisation d'acidité (kg $CaCO_3$/t)
PNN	Potentiel net de neutralisation (kg $CaCO_3$/t)
TK	Tailings Kettara
$S_{sulfure}$	Soufre sous forme de sulfures
SW	South west
UQAT	Université du Québec en Abitibi Témiscamingue, Canada
URSTM	Unité de Recherche et de Service en Technologie Minérale

LISTE DES SYMBOLES

A_{H2SO4}	Volume de la solution titrante (H_2SO_4) pour atteindre pH 4,5 en ml
B	Normalité du NaOH
cm	Centimètre
g	Gramme
h	Heure
i	Gradient hydraulique
j	Jours
l	Litre
K	Coefficient de Perméabilité (m/s)
kg	Kilogramme
M	Masse de l'échantillon en (g)
Mh	Masse humide de l'échantillon en (g)
ml	Millilitre
mV	millivolt
N_{HCl}	Molarité de l'acide chlorhydrique
N_{NaOH}	Molarité du la soude
ppm	Partie par million
V_{HCl}	Volume de l'acide chlorhydrique (ml)
V_{NaOH}	Volume du la soude (ml)
µS/cm	Microsiemens par centimètre

INTRODUCTION

Le contexte géologique du Maroc est favorable à une activité minière très diverse. Elle se concentre principalement dans l'exploitation de mines de métaux de base (cuivre, zinc, nickel, plomb…), de métaux précieux (or, argent…), de fer, de minéraux industriels (sel, potasse, amiante…), de gypse et des phosphates.

Au cours de ces dernières années, l'industrie minière marocaine a été marquée par une augmentation de plus de 26% de la production globale qui est passée ainsi de 23,3 millions tonnes en 1999 à 29,4 millions de tonnes en 2007 (dont 27, 8 millions tonnes de phosphate brut) (Benkhadra, 2008).

L'industrie minière génère de grandes quantités de résidus (solides et liquides) entreposés dans des parcs à rejets miniers. Au contact de l'oxygène et de l'eau les sulfures réactifs, contenus dans ces résidus miniers, s'oxydent et produisent un lixiviat chargé de métaux lourds et de sels dissous susceptibles de contaminer aussi bien les eaux de surfaces que les eaux souterraines et contribuer à la dégradation de l'environnement. Ce phénomène est nommé : Drainage Minier Acide (DMA).

Il constitue un fardeau environnemental qui pèse lourd sur l'industrie minière marocaine car il s'agit de la mobilisation (solubilisation) de métaux lourds et d'autres substances toxiques pour l'environnement. Il importe donc de bien comprendre le processus de génération du DMA pour pouvoir le prédire, le contrôler et le traiter, que ce soit pour des sites miniers en opération ou abandonnés. Ces connaissances permettront de prendre les décisions qui s'imposent dans le cadre de la gestion environnementale d'un site minier comportant des rejets.

Au Maroc, plusieurs travaux et protocoles sont expérimentés pour y remédier.

Des études d'impact sur les districts Aouli-Mibladan-Zeïda ont été réalisées par El Hachimi (2006) et Baghdad (2008), sur les résidus miniers de la mine de Hajar et de Draa Sfar par El Adnani (2008) et enfin les travaux de Hakkou et al. (2006 et 2008a), Nfissi et al. (2011) ont porté sur la caractérisation environnementale des résidus miniers de la mine abandonnée de Kettara dans les Jebilets Centrales et sur les processus de la réhabilitation du site en question.

Plusieurs méthodes de restauration sont proposées pour les parcs à résidus miniers, soit à l'aide de boues alcalines d'usines de pâtes à papier (Chtaini, 1999), ou par l'application des couvertures sèches plus riches en carbonates tel les cendres volantes (Pérez-López et al., 2005, 2007; Yeheyis et al., 2008; Lu et al., 2013), ou par l'utilisation de matériaux industriels alcalins comme les poussières de four de cimenteries et/ou les boues rouges issues de l'industrie de l'aluminium (Lapakko et al., 2000; Doye, 2005; Bertocchi et al., 2006) ou à l'aide des rejets alcalins phosphatés issus de l'exploitation des phosphates marocains (Hakkou et al., 2009) ou par l'utilisation potentielle de déchets calcaires phosphatés dans le traitement passif du DMA (Ouakibi et al., 2013).

Une gestion efficace et un bon choix des méthodes de réhabilitation des installations minières au Maroc assureront à long terme une protection environnementale et une stabilité écologique.

La mise à jour de la loi marocaine 12-03, relative aux études d'impacts sur l'environnement, est loin d'apporter un frein aux activités des différents opérateurs, mais bien au contraire, elle semble plutôt provoquer une accélération dans le choix des méthodes appropriées, non nuisibles à l'égard de l'environnement. La loi cadre institue un fond national pour la protection et la mise en valeur de l'environnement dont le cadre juridique, les missions, les ressources et les dépenses sont fixés par un texte spécial d'application (Zerhouni et al., 2010).

Le site minier de Kettara situé à environ 32 km au Nord-Ouest de la ville de Marrakech a été choisi comme site pilote pour ce travail. Ce site contient plus de 3 millions de tonnes de déchets miniers qui ont été déposés sur une surface sans aucun souci de leurs conséquences environnementales. Les résidus miniers ont été stockés tout autour de la zone du site sur une superficie d'environ 16 hectares. La superficie totale du parc à résidus miniers est d'environ 28 hectares dont 16, objet de cette étude, renferment des résidus riches en pyrrhotite (2%).

Ce parc à résidus est situé dans le bassin versant du Tensift qui compte une trentaine de sites miniers dont vingt sont abandonnés et laissés à leur sort (Kerkous, Bramram, Koudiat Aicha…) (Figure I).

Le bassin versant de Tensift, siège d'une intense activité minière ayant produit plusieurs milliers de tonnes de minerai, comporte de nombreux parc à résidus ainsi que des unités métallurgiques de traitement qui peuvent générer des polluants nuisibles pour l'environnement.

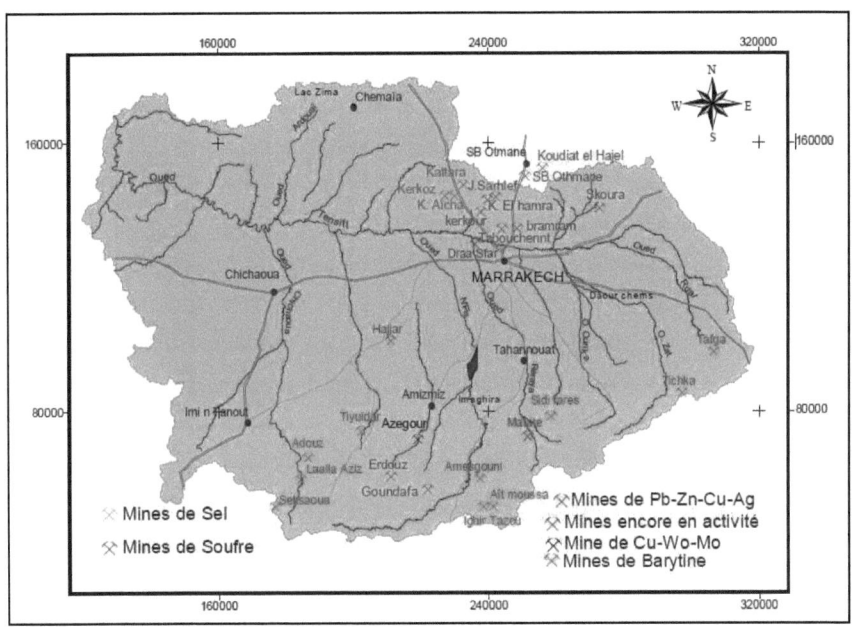

Figure I : Sites miniers du bassin versant du Tensift (Oufline, 2006).

L'objectif principal de notre travail est de contrôler le drainage minier acide dans le site minier de Kettara (Jebilet Centrales, Maroc) par utilisation de sous produits industriels fins et basiques, comme amendement et/ou recouvrement.

Ainsi, deux types de matériaux ont été choisis : Les poussières de four de cimenterie (Cement Kıln Dust : CKD) et les cendres volantes d'une centrale thermique (Fly Ach : FA).

Ce projet s'intègre dans le cadre de la Chaire de Recherche du Centre de Recherches pour le Développement International (CRDI) «en Gestion et Stabilisation des Rejets Industriels et Miniers» dont le titulaire est le Pr. M. Benzaazoua (Université du Québec en Abitibi Témiscamingue (UQAT), Canada) et le Pr. R. Hakkou (Université Cadi Ayyad, Faculté des Sciences et Techniques de Marrakech, Maroc).

La caractérisation physico-chimique et minéralogique des résidus miniers ainsi que les résidus industriels (CKD et FA) est primordiale pour connaître les dangers environnementaux et mettre au point des solutions appropriées pour assurer la restauration des parcs à résidus miniers. Des essais statiques de prédiction du DMA vont également être menés afin de quantifier le potentiel de génération d'acide des résidus miniers.

Des essais de neutralisation du DMA seront conduits au laboratoire sur des colonnes de lixiviation pour définir l'influence de l'épaisseur et du mode d'amendement (incorporation, couverture…) par les cendres volantes et par les poussières de four de cimenterie sur les résidus miniers de Kettara. L'évolution du pH et des paramètres chimiques des lixiviats sera suivi sur une durée de 22 mois.

L'amendement alcalin permettrait de maintenir le pH à une valeur élevée dans la zone oxydée et entraînerait la précipitation des métaux et l'inhibition de l'activité catalytique des bactéries qui catalysent les réactions d'oxydation des sulfures.

Cette étude vise donc l'atténuation de l'impact du DMA dans le site de Kettara, qui pourrait s'étendre sur d'autres régions à climat semi aride présentant une problématique similaire.

Le travail abordé dans la présente étude s'articule autour de quatre parties :

Partie I – Elle présente une synthèse bibliographie sur l'environnement minier, les impacts environnementaux liés à l'activité minière, les mécanismes de formation du Drainage Minier Acide, les facteurs influençant sa production ainsi que les impacts environnementaux de ce phénomène et les principales méthodes d'atténuation.

La législation marocaine dans le domaine de l'environnement sera discutée dans l'Annexe I.1.

Partie II – Elle s'intéresse à la présentation de la mine de Kettara dans les Jebilet centrales, tant du point de vue géologique que gîtologique.

Partie III – Elle sera consacrée à la méthodologie du travail ainsi qu'aux différentes techniques analytiques utilisées pour les caractérisations physique, chimique et minéralogique des matériaux initiaux tels que les analyses granulométriques, la spectrométrie de la diffraction des rayons X, les essais de perméabilité…

Partie IV – Elle comporte la méthode proposée pour l'amendement alcalin et le recouvrement, le protocole adopté relevant des essais cinétiques préliminaires ainsi que le test cinétique en colonnes, mené sur une durée de 22 mois.

Cette étude contribuera certainement à apporter des éléments de réponse à l'atténuation du phénomène du DMA dans la mine de Kettara qui pourront éventuellement être extrapolés à d'autres mines au Maroc et ailleurs.

PARTIE I : SYNTHESE BIBLIOGRAPHIQUE

Cette partie repose sur une revue sur la définition des activités minières, leurs rejets et impacts en général. La définition du phénomène du drainage minier acide s'impose ainsi que ses mécanismes de formation et ses effets environnementaux. Cette partie comporte certaines méthodes d'atténuation du drainage minier acide.

CHAPITRE I: ENVIRONNEMENT MINIER

L'exploitation minière génère de grandes quantités de rejets solides et liquides qui constituent un danger pour l'environnement et qui doivent être gérés de façon sécuritaire pour le protéger.

I.1. Composantes d'un site minier

Un site minier est l'endroit où l'on extrait les minéraux ayant une valeur commerciale. Les substances résiduelles sont déposées dans les aires d'entreposage sous forme broyée (Les rejets de concentrateur) ou concassée (Les stériles miniers). Les dimensions des composantes, les caractéristiques d'une mine et les effets sur l'environnement sont toujours différentes d'une exploitation à l'autre (Aubertin et al. 2002).

Les composantes du site minier peuvent avoir des interactions avec le milieu environnant, tel que l'eau, l'air et le sol.

I.1.1. Mine

Une mine est l'endroit où l'on extrait la roche. Cet endroit comprend tous les aménagements, ouvrages et équipements d'extraction, installations de traitement du minerai, haldes de stockage de matériaux et/ou de résidus nécessaires pour l'exploitation et la valorisation d'un gisement (Figure I.1).

La situation topographique, la géométrie et la morphologie du gisement détermineront la méthode utilisée pour l'exploitation. On distingue différents types d'exploitations:

❖ **Exploitation minière à ciel ouvert** : l'exploitation d'une mine à ciel ouvert est effectuée pour un gisement peu profond (<300m),

❖ **Exploitation souterraine** : cette exploitation implique l'extraction de sous-surface à des profondeurs plus importantes,

I.1.2. Usine de traitement

Après l'extraction du minerai de la roche mère, il faut aller récupérer les valeurs commerciales contenues dans celui-ci. La roche concassée est acheminée vers l'usine de traitement du minerai qui contient des équipements permettant de broyer finement le minerai et d'extraire (du moins en partie) les minéraux de valeur. A cette étape, différents procédés de traitement minéralurgique peuvent être utilisés pour extraire ces minéraux économiques; parmi ceux-ci on retrouve la flottation, les méthodes gravimétriques, les méthodes magnétiques et la séparation en milieux denses (Wills, 1997). Dans certaines usines de traitement, des procédés métallurgiques peuvent être effectués principalement la cyanuration dans le cas des mines aurifères.

I.1.3. Résidus miniers

Les résidus miniers peuvent être définis comme des rejets produits lors de l'extraction et le traitement du minerai. Ils peuvent être des produits naturels (stériles francs, produits minéralisés non exploitables) ou des produits artificiels, issus des phases de traitement et d'enrichissement du minerai (rejets de concentrateur) contenant d'éventuels additifs chimiques, minéraux ou organiques...

Le parc à résidus miniers est l'endroit où sont déposés ces rejets miniers. Les stériles miniers sont stockés en surface dans des aires d'accumulation nommées haldes à stériles.

Les principaux types de résidus miniers sont classés en trois grands groupes (Tableau I.1):

❖ Les stériles francs de découverture et/ou de traçage de galerie,

❖ Les résidus d'exploitation (stériles francs et/ou stériles de sélectivité minéralisés),

❖ Les résidus de traitement (rejets de l'usine de concentration),

Type de résidus	Caractéristiques contribuant à la mobilité (distribution des tailles des particules) Impact potentiel	Caractéristiques contribuant à la polluante chimique (teneur en contaminants/réactivité) Impact potentiel
Résidus de découverture (Stériles francs)	Moyen à grossier Hétérogène ↓ Grossier homogène Résidu peu mobile	Teneur en éléments et réactivité chimique égaux ou inférieurs au fond géochimique et « réactivité» naturels Résidus à faible capacité polluante
Résidus d'exploitation (Stériles au sens économique peuvent contenir des contaminants)	Moyen à grossier Hétérogène ↓ Résidu peu mobile	Variable en fonction du type de gisement et de la méthode minière utilisée Capacité polluante = fonction du minerai + gangue, temps
Résidus de traitements	Fine Homogène (humide lors de la mise en dépôt) Résidu assez mobile	Teneurs élevés en polluants + réactifs (Hg…) Réactivité potentielle très élevée Capacité polluante = fonction du minerai + gangue + procédés de traitement + temps

Tableau I.1 : Typologie des résidus miniers (BRGM, 1997).

25

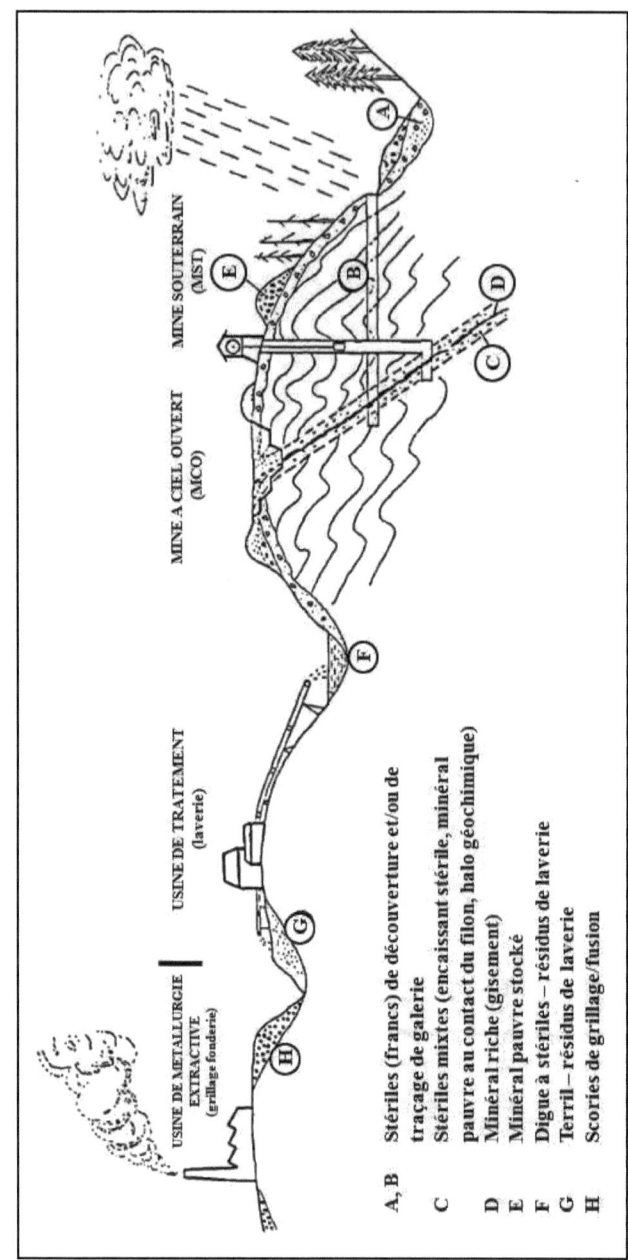

Figure I.1 : Travaux et opérations d'une exploitation minière (BRGM, 1997).

A, B   Stériles (francs) de découverture et/ou de traçage de galerie

C   Stériles mixtes (encaissant stérile, minéral pauvre au contact du filon, halo géochimique)

D   Minéral riche (gisement)

E   Minéral pauvre stocké

F   Digue à stériles – résidus de laverie

G   Terril – résidus de laverie

H   Scories de grillage/fusion

MINE SOUTERRAIN (MST)

MINE A CIEL OUVERT (MCO)

USINE DE TRAITEMENT (laverie)

USINE DE METALLURGIE EXTRACTIVE (grillage fonderie)

I.2. Phases et opérations d'exploitation

Les opérations mises en œuvre sur un site minier pour exploiter et valoriser un gisement peuvent être scindées en quatre étapes (BRGM, 1997) (Figure I.2):

❖ Travaux de déblaiement (ou de découverture) dans le cas d'une mine à ciel ouvert et de percement de galeries, puits et descenderies pour une mine souterraine varieront énormément en fonction du gisement. Les mines à ciel ouvert produisent presque 10 fois plus de stériles que les mines souterraines.

❖ Travaux liés à l'extraction du minerai «tout venant» et tri préliminaire. Ces travaux éventuellement nécessaires pour minimiser la quantité de roche stérile ou «gangue» présente dans le minerai.

❖ Un ensemble de filières de traitement, regroupé dans une usine d'enrichissement «la laverie» utilisé pour séparer les phases minérales porteuses des éléments valorisables de la gangue stérile. Le produit de l'usine enrichi en substance valorisable «le concentré», constitue le produit marchand de la mine.

❖ Transformation de l'élément valorisable du concentré en forme métallique est effectuée dans une fonderie ou dans une usine de grillage.

Durant ces phases opérationnelles, il existe différentes sources de contaminants pouvant affecter l'environnement. Les rejets solides produits directement du processus d'extraction des minéraux économiques peuvent être également une source de contamination importante pour l'eau et les sols. Concernant les autres rejets liquides, ils sont une autre source de préoccupation lorsque l'on aborde la problématique environnementale liée à la phase de l'opération de la mine (Aubertin et al. 2002).

27

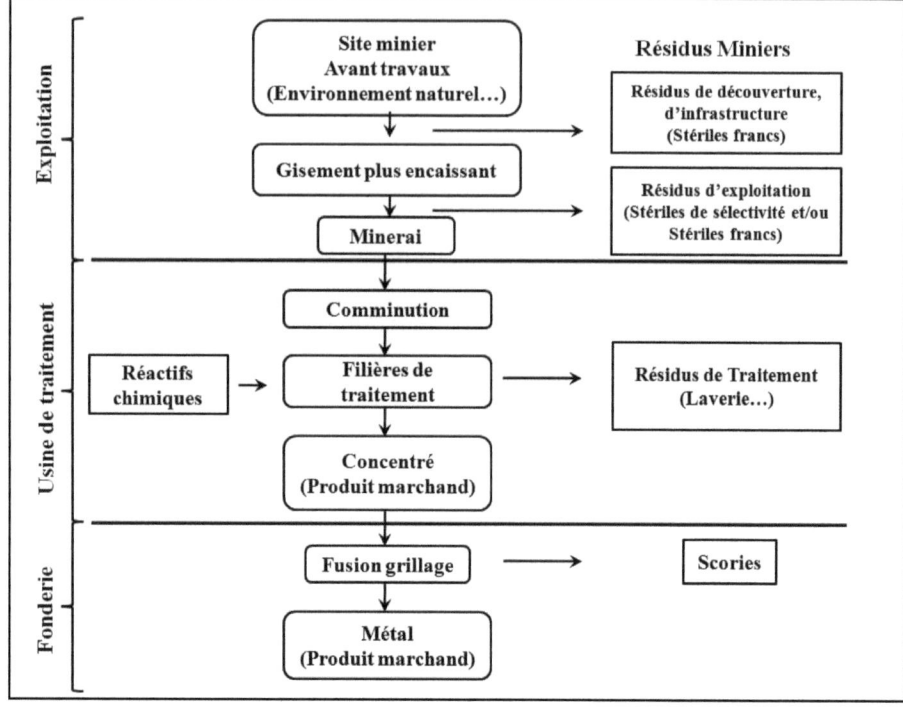

Figure I.2 : Etapes d'exploitation d'un gisement métallique et les résidus miniers correspondants (BRGM, 1997).

I.3. Impacts environnementaux de l'activité minière

I.3.1. Facteurs influençant les impacts environnementaux

L'exploitation minière engendre une quantité importante de résidus qui vont toucher les différents éléments de l'environnement (eau, paysage, végétation…). La plupart des impacts de ces résidus résultent d'une combinaison de l'éventuel mouvement dans l'espace de ses particules solides et de la potentielle capacité polluante de ses composants chimiques (BRGM., 1997).

Les caractéristiques physiques (distribution et taille des particules, stabilité géotechnique d'un terril, etc.) et la composition chimique (contenu en éléments toxiques, etc.) d'un résidu peuvent le rendre plus susceptible soit de se déplacer dans l'environnement, soit d'agir comme source de

28

contamination chimique de la chaîne biologique ou encore, de ralentir sa réintégration dans la richesse écologique naturelle de l'environnement du site.

Divers facteurs vont influencer la qualité des eaux des mines. Le type de minéralisation et d'exploitation sont les plus importants. Plusieurs types de contaminants existent dans les eaux de mines et peuvent être subdivisé en contaminants solubles, insolubles et radioactifs (Aubertin et al. 2002).

La mobilité du résidu minier résulte de sa finesse et de l'homogénéité de la taille des particules de l'usine de traitement les rendant ainsi particulièrement susceptibles à une dispersion dans l'environnement (dans le cas d'un lieu de stockage mal conçu et non réaménagé). Les divers compartiments physiques (eaux, sol…) et cibles biologiques de l'environnement peuvent être atteints par les polluants des résidus miniers suite aux diverses voies de dispersion (Figure I.3).

Les particules constituant un résidu minier peuvent être déplacées dans l'environnement en tant que matières en suspension dans les cours d'eau suite à une érosion par les eaux de ruissellement ou en tant que poussières portées par le vent. La quantité de matériel déplacé, la vitesse d'érosion, l'étendue environnementale affectée dépendront à la fois des caractéristiques du résidu (tailles des particules, humidité, etc.) et du lieu de stockage (forme, positionnement dans un bassin versant, etc.) ainsi que de l'intensité des paramètres climatiques auxquels ils sont soumis (pluies, vents, régime de température, etc.).

La capacité polluante chimique d'un résidu est déterminée par la nature et la forme chimique des éléments et composés «contaminants» présents dans le résidu, par sa quantité totale, par sa réactivité, par la nature et la forme chimique des composés polluants produits.

La combinaison des deux facteurs quantité – réactivité, déterminera la quantité totale d'un composé contaminant qui sera transformée en forme soluble par unité de temps. La vitesse de solubilisation et la réactivité de l'élément contaminant peuvent varier énormément en fonction de la nature de la phase minérale porteuse et par la présence dans le minerai de certaines phases minérales pouvant ralentir fortement la vitesse de solubilisation comme l'exemple de l'effet d'un excès de phases carbonatées sur l'oxydation de pyrite.

29

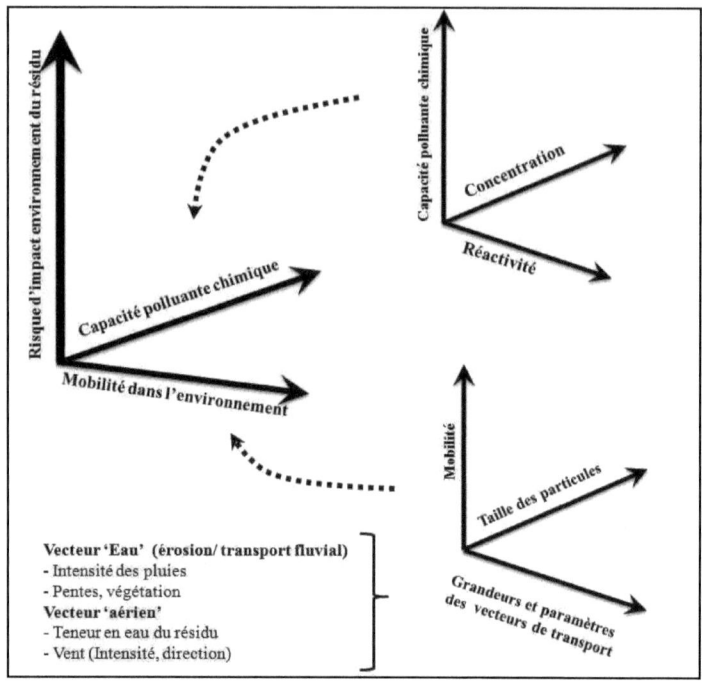

Figure I.3 : Facteurs déterminant le risque d'impacts environnementaux d'un résidu minier
(BRGM, 1997).

I.3.2. Principaux impacts environnementaux

Les impacts environnementaux de l'exploitation minière varient en fonction de plusieurs facteurs comme la situation topographique et le type de gisement, la nature du minerai, la méthode d'exploitation, la nature de la roche encaissante, la géométrie et la morphologie du gisement etc.

Les principaux impacts environnementaux liés à l'exploitation minière, (El Hachimi, 2006; BRGM., 1997), sont :

❖ Contamination chimique des eaux de surface et/ou souterraines par drainage minier acide suite à la percolation des eaux de ruissellement,

❖ Impacts liés à la présence de poussières volantes,

30

❖ Impacts sur les qualités esthétiques de l'environnement qui sont liés à la présence de galeries, excavations, haldes, terrils…

❖ Impacts sur les sols, l'air et sur les flores et les autres êtres vivants,

❖ Pollution des aquifères souterrains,

❖ Impacts liés à la présence de gaz toxiques,

❖ Impacts et risques pour la santé des riverains liés à la présence d'ouvrages miniers débouchant au jour (carrière et galeries sans protection) ou à l'usage d'eau pollués ….

❖ Risques de pénétration volontaire de personnes dans les vieux travaux,

❖ Incidence sur les réseaux hydrogéologiques environnants et probablement un déséquilibre des nappes,

❖ Dans le cas d'un résidu ne possédant pas de réactivité chimique significative, les impacts environnementaux peuvent être énumérés de la manière suivante :

- Le résidu constitue une source de matière en suspension, suite à l'érosion par les eaux de ruissellement, entraînant ainsi une dégradation de la qualité des eaux et de la nature du fonds des cours d'eau en aval du site.

- Le résidu constitue une source de poussières volantes, donc de nuisance pour les habitants suite aux éventuelles retombées aériennes; les résidus de laverie peuvent être particulièrement sujets à ce type de transport hors du site et atteindre les sols et les terres agricoles.

- L'impact sur la qualité esthétique de l'environnement; notamment pour d'importants volumes de résidus dont des lieux de stockage n'ont pas été réaménagés. L'impact visuel ou paysage d'un dépôt est d'autant plus sensible que ses dimensions sont importantes.

❖ Dans le cas d'un résidu possédant une réactivité chimique c'est-à-dire contenant des composés chimiques potentiellement polluants, d'autres impacts s'ajoutent à ceux mentionnés auparavant :

- Le résidu peut être responsable d'une contamination chimique des eaux de surface et/ou souterraines. Comme exemple, le drainage minier acide peut être responsable de l'acidification d'un cours d'eau et des teneurs élevés en éléments traces métalliques polluants.

- Le résidu peut engendrer des rejets importants de matières solides contaminées dans les sols des versants ou les alluvions, suite à l'érosion des résidus de laverie. Ces résidus peuvent renfermer à la fois des quantités non négligeables en éléments accompagnateurs présents dans le minerai (métaux lourds…) et éventuellement des quantités résiduelles significatives en réactifs chimiques ajoutés dans les filières de traitement.

I.4. Conclusion

Malgré les conséquences positives résultantes de l'industrie minière au Maroc, celle-ci provoque divers problèmes environnementaux potentiels en raison de la quantité élevée de résidus miniers qui sont générés par l'exploitation minière et aussi par les procédés de traitement. En effet, plusieurs sites miniers abandonnés sont générateurs d'énormes quantités de contaminants qui ont un impact sur les sols, les ressources hydriques, la flore et la faune.

CHAPITRE II: DRAINAGE MINIER ACIDE

II.1. Introduction

Le drainage minier acide constitue aujourd'hui le problème majeur de l'industrie extractive mondiale et le problème le plus coûteux du point de vue environnemental. Il se produit naturellement lorsque des minéraux sulfureux acidogènes (pyrite, pyrrhotite...) sont exposés à l'eau et à l'air (Figure I.4). La production du Drainage Minier Acide (DMA) est généralement caractérisée par un pH bas et de fortes concentrations du sulfates, fer, et en métaux dissous (Aubertin et al. 2002; Sracek et al. 2004). L'oxydation chimique et/ou biologique des sulfures peut être catalysée par des bactéries (ex. *Thiobacillus ferroxidans*).

Plusieurs phénomènes peuvent affecter la qualité du DMA dans les sites abandonnés (ou en activité), particulièrement l'oxydation des minéraux sulfureux, la neutralisation par les minéraux acidivores, la précipitation de minéraux secondaires, et la solubilisation des éléments les plus mobiles. Dans les sites miniers, il existe des minéraux acidivores (tels les carbonates) qui peuvent neutraliser l'acidité produite. Lorsque le pouvoir neutralisant est épuisé, on parle alors de la génération du drainage minier acide.

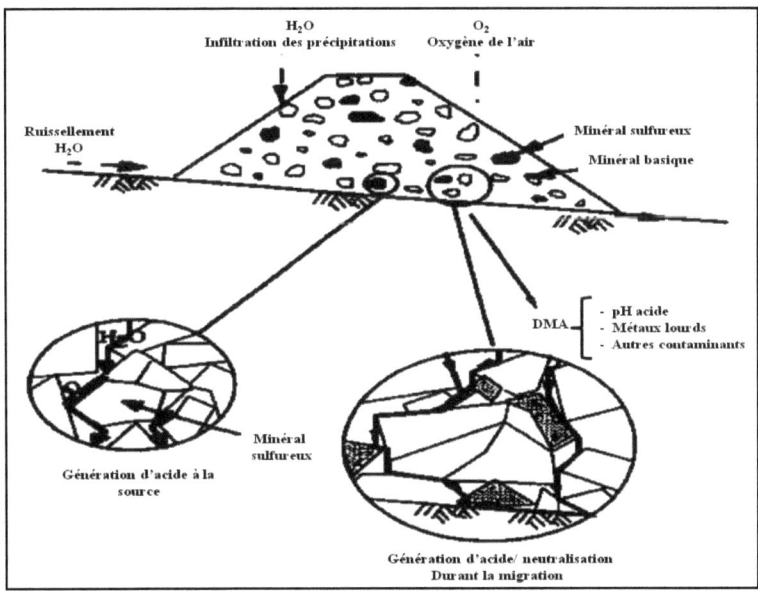

Figure I.4: Concept de génération du drainage minier acide.

Les eaux contaminées par le drainage minier acide (DMA) peuvent provenir de divers types d'exploitation, incluant des mines de métaux précieux (or, argent), de métaux de base (cuivre, nickel, zinc, plomb), de charbon et d'uranium (Plante, 2004).

L'acidité du milieu, combinée à la présence de contaminants potentiellement toxiques comme divers métaux lourds (Fe, Al, Mn, Zn, Cu, Cd, Hg, Pb…), peut affecter les écosystèmes qui reçoivent les effluents contaminés.

Le phénomène de production du DMA peut ne pas avoir lieu si les minéraux sulfurés ne sont pas réactifs ou si le niveau alcalin de la roche est suffisamment élevé pour neutraliser l'acidité (Robertson et Kirsten, 1989). Aussi, on ne peut constater le principal impact du DMA sur l'environnement que lorsque ces eaux interstitielles de mauvaise qualité migrent hors de leur lieu de production pour entrer dans l'environnement récepteur (Robertson et Kirsten, 1989).

II.2. Mécanisme de formation du DMA

II.2.1. Mécanismes chimiques et biologiques

II.2.1.1. Mécanismes chimiques

L'oxydation naturelle des minéraux sulfureux (telle la pyrite, la pyrrhotite, la chalcopyrite, la sphalérite, l'arsénopyrite et la galène, etc.) se fait par un contact avec l'eau et l'oxygène après l'extraction des minéraux.

Les principaux minéraux sulfureux rencontrés dans les résidus miniers sont consignés dans le tableau I.2 :

Fe	Greigte	Fe_3S_4	Cu	Bornite	Cu_3FeS_4
	Marcassite	FeS_2		Chalcopyrite	$CuFeS_2$
	Pyrite	FeS_2		Chalcosite	Cu_2S
	Pyrrhotite	$Fe_{(1-X)}S$		Covellite	CuS
	Troilite	FeS		Cubanite	$CuFe_2S_3$
Ni	Pentlandite	$(Fe, Ni)_9S_8$		Enargite	Cu_3AsS_4
	Millérite	NiS		Tennantite	$Cu_2As_2S_{13}$
	Violarite	$FeNi_2S_4$	Zn	Sphalérite	ZnS
Pb, Mo, Sb	Galène	PbS		Wurtzite	ZnS
	Molybdénite	MoS_2	Co, Cd, Hg	Cobaltite	$CoAsS$
	Stibnite	Sb_2S_3		Linnaeite	Co_3S_4
As	Arsénopyrite	$FeAsS$		Greenockite	CdS
	Orpiment	As_2S_3		Cinabre	HgS
	Proustite	Ag_3AsS_3	Mn	Alabandite	MnS
	Réalgar	AsS		Hauerite	MnS_2

Tableau I.2 : Principaux minéraux sulfureux (Aubertin et al., 2002a).

34

Les principaux minéraux sulfureux responsables de la production du DMA sont la pyrrhotite et la pyrite (Lappako, 2002 in El Adnani 2008). La pyrrhotite représente le minéral le plus réactif de tous les sulfures (Jambor et Blowes, 1998; Belzile et al., 2004; Gunsinger et al., 2006b). Elle montre un taux d'oxydation chimique qui est 2 à 100 fois supérieur à celui déterminé pour la pyrite (Schippers et al., 2007).

Le minéral sulfureux le plus abondant dans les rejets miniers est la pyrite (FeS_2).

Les mécanismes conduisant à l'oxydation de la pyrite illustrent le mode de production d'acide par les sulfures. L'oxydation de la pyrite peut être directe ou indirecte. L'oxydation directe se produit lors d'une réaction chimique (équation 1) entre la pyrite à l'état solide avec l'oxygène et l'eau (Kleinman et al., 1981) :

$$[1] \qquad FeS_2 + 7/2 O_2 + H_2O \rightarrow Fe^{2+} + 2SO_4^{2-} + 2H^+$$

$$[2] \qquad Fe^{2+} + 1/4\ O_2 + H^+ \rightarrow Fe^{3+} + 1/2\ H_2O$$

$$[3] \qquad Fe^{3+} + 3H_2O \rightarrow Fe\ (OH)_3 + 3H^+$$

$$[4] \qquad FeS_2 + 14\ Fe^{3+} + 8H_2O \rightarrow 15Fe^{2+} + 2SO_4^{2-} + 16H^+$$

La réaction [1] se produit à des valeurs de pH proches de la neutralité (5< pH<7). Concernant l'oxydation indirecte de la pyrite, elle se produit par une réaction qui met en jeu un oxydant tel le fer ferrique (Fe^{3+}). Lorsqu'il y a dissociation de la pyrite (équation 2), le fer ferreux (Fe^{2+}) produit peut s'oxyder.

Lorsque le pH est suffisamment élevé, le fer ferrique précipite sous forme d'hydroxyde (équation 3), cela peut contribuer à l'acidification du milieu. Quand le pH est bas (pH<3), le Fe^{3+} reste en solution et devient un agent oxydant pouvant oxyder la pyrite (équation 4).

L'oxydation de la pyrite par le fer ferrique (équation 4) est plus rapide que l'oxydation par l'oxygène (équation 1). De ce fait, la production du DMA est un phénomène qui commence lentement et dont l'intensité s'accélère au fur et à mesure que les conditions s'approchent de la troisième phase où la production d'acide devient très rapide (Plante, 2004). Cependant, ceci est valable seulement quand le fer ferrique est ajouté au système ou à l'horizon atteint (par infiltration d'une solution riche en fer III par exemple ou par dissolution des minéraux ferriques). Dans le cas où le fer ferrique est produit à l'intérieur du résidu par oxydation du fer ferreux (équation 2), cette réaction consomme des protons. L'acidité nette produite durant l'oxydation d'une mole de pyrite est équivalente à 2 moles de protons, pareil que l'oxydation par oxygène (Dold et Fontboté, 2002; Lappako, 2002; Belzile et al., 2004). La production du fer ferrique par le DMA provoque le transfert et la propagation de l'acidité dans le résidu en aval des points où elle a été produite (Dold et Fontboté, 2002).

La dissolution non-oxydative de la pyrrhotite/pyrite peut avoir une contribution potentielle significative dans la libération des ions ferreux lors de la lixivaition dans des conditions acides quand les mécanismes oxydatifs ne sont pas dominants (cas de résidus couvert par des eaux souterraines) (Janzen et al., 2000).

Les phases de la formation du drainage minier acide, décrites par les équations précédentes, sont résumées dans la figure I.5 suivante :

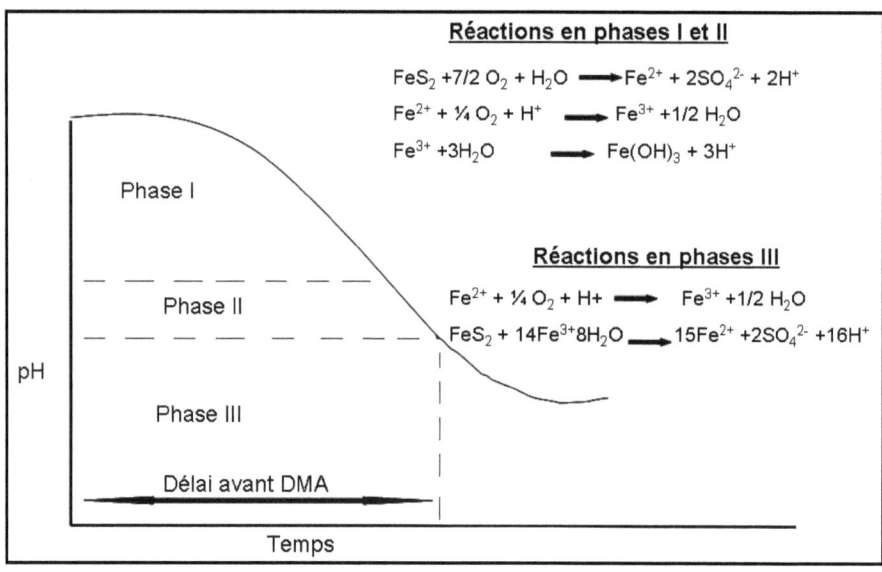

Réactions en phases I et II

$$FeS_2 + 7/2\ O_2 + H_2O \longrightarrow Fe^{2+} + 2SO_4^{2-} + 2H^+$$

$$Fe^{2+} + \tfrac{1}{4} O_2 + H^+ \longrightarrow Fe^{3+} + 1/2\ H_2O$$

$$Fe^{3+} + 3H_2O \longrightarrow Fe(OH)_3 + 3H^+$$

Réactions en phases III

$$Fe^{2+} + \tfrac{1}{4} O_2 + H+ \longrightarrow Fe^{3+} + 1/2\ H_2O$$

$$FeS_2 + 14Fe^{3+}8H_2O \longrightarrow 15Fe^{2+} + 2SO_4^{2-} + 16H^+$$

Phase I

Phase II

pH

Phase III

Délai avant DMA

Temps

Figure I.5: Phases de la formation du DMA (Villeneuve, 2004).

Il existe plusieurs facteurs qui influencent la réactivité des sulfures, spécialement la morphologie des particules sulfureuses, les conditions de l'oxydation (biotique contre abiotique), la température, l'humidité et la structure cristalline... On peut citer l'exemple de la pyrite framboïdale et polyframboïdale (qui se trouve dans les roches sédimentaires) qui est beaucoup plus réactive que la pyrite cristallisée dans les formes pyritohèdres et octaèdres (Evangelou, 1995). Ainsi la pyrite et la marcassite sont des minéraux polymorphes, mais ils sont de structure différente, la marcassite est orthorhombique donc elle est plus réactive que la pyrite qui est cubique.

II.2.1.2. Mécanismes biologiques

Plusieurs bactéries acidophiles (ex. *Thiobacillus ferrooxidans* …) jouent un rôle très important dans l'oxydation des minéraux sulfureux, essentiellement l'oxydation de la pyrite, en augmentant à la fois la vitesse propre de cette réaction et la vitesse d'oxydation du Fe^{2+} en Fe^{3+} d'un facteur 10^6 par rapport à la vitesse résultant de la réaction chimique seule (Singer et Stumm, 1970). Les bactéries Thiobacillus peuvent oxyder le fer ferreux en fer ferrique et les sulfures inorganiques en acide sulfurique (Belzile et al., 2004). Ces microorganismes augmentent le taux de formation de DMA et du volume généré en accélérant la cinétique d'oxydation des sulfures. Des taux très différents d'accélération de l'oxydation des sulfures par les bactéries ont été rapportés dans la littérature. L'oxydation bactérienne peut être, en effet, 3 fois (Belzile et al., 2004), de 5 à 20 fois (Robertson et Kirsten, 1989), 20 fois (El Amri, 1997) ou de 30 à 300 fois (Schippers et al., 2007) supérieure à l'oxydation abiotique. Les bactéries acidophiles peuvent influencer le taux d'oxydation de plusieurs sulfures : la pyrite, la pyrrhotite, l'arsenopyrite, la chalcopyrite, la marcassite et la sphalérite (Baker et Banfield, 2003). Toutefois, leur effet sur la pyrrhotite est nettement plus important (Belzile et al., 2004).

Plusieurs espèces sont impliquées dans la biolixiviation des sulfures métalliques. Thiobacillus ferrooxidans est considérée comme l'espèce qui possède le plus important pouvoir d'accélération des réactions d'oxydations (Robertson et Kirsten, 1989; Schrenk et al., 1998).

Microorganismes	pH	Température	Aérobie	Nutrition
Thiobacillus thioparus	4,5-10	10-37	+	Autotrophe
T. Ferrooxidans	0,5-6,0	15-25	+	–
T. Thiooxidans	0,5-6,0	10-37	+	–
T. Neopolitanus	3,0-8,5	8-37	+	–
T. Denitrificans	4,0-9,5	10-37	+/-	–
T. Novellus	5,0-9,2	25-35	+	–
T. Intermedius	1,9-7,0	25-35	+	–
T. Perometabolis	2,8-6,8	25-35	+	–
Sulfolobus acidocalderius	2,0-5,0	55-85	+	
Desulfovibrio desulfuricans	5,0-9,0	10-45	-	Hétérotrophe

Tableau I.3 : Bactéries impliquées dans l'oxydation des sulfures et leurs conditions de croissance (USEPA, 1994a).

Les conditions de croissance des différentes bactéries acidophiles sont différentes, essentiellement en termes de pH et de température (Tableau 1.3). Ces différences de conditions optimales permettent d'expliquer les contradictions entre différentes études selon lesquelles l'effet des bactéries est tantôt considérable, tantôt minime (Robertson et Kirsten, 1989).

Plusieurs facteurs peuvent contrôler l'activité catalytique bactérienne qui intervient dans l'accélération des réactions d'oxydation des minéraux sulfureux (Chtaini, 1999). Ces facteurs sont :

❖ L'énergie d'activation biologique,

❖ La densité de la population bactérienne,

❖ Le taux de croissance de cette population,

❖ La concentration en nitrates, en ammonium, en phosphates,

❖ La teneur en dioxyde de carbone,

❖ La concentration des inhibiteurs bactériens,

❖ L'humidité,

❖ Le degré d'aération,

❖ L'acidité de l'environnement de croissance et la température (Leduc, 1997; Morin et Hutt, 1997a),

L'augmentation de la température provoque un accroissement de l'activité bactérienne jusqu'à leur température optimale de développement et de la cinétique de réaction.

II.2.2. Mécanismes physiques

L'écoulement multiphase des fluides en milieu poreux joue un rôle important dans le drainage minier acide puisqu'il contrôle le mouvement des fluides. Les propriétés capillaires des milieux poreux contrôlent la répartition des fluides immiscibles tels que l'eau et l'air, et elles résultent de la tension interfaciale, de l'attirance relative des fluides par les surfaces solides et des caractéristiques du milieu poreux (Chtaini, 1999).

La relation entre la pression capillaire et la saturation d'un échantillon du milieu poreux est établie en appliquant une pression au fluide non mouillant (air) pour qu'il déplace le fluide mouillant (eau) qui sature l'échantillon (drainage). On récupère et on mesure la quantité d'eau qui est déplacée en fonction de la pression appliquée. La pression est augmentée jusqu'à ce que le degré de saturation du fluide mouillant demeure constant. La pression capillaire est ensuite diminué progressivement et le fluide mouillant pénètre à nouveau l'échantillon et déplace le fluide non mouillant (imbibition).

La loi de Darcy montre que la perte de charge augmente linéairement avec la vitesse de l'écoulement. Cette vitesse critique marque le passage d'un régime laminaire à un régime turbulent où l'énergie se dissipe à un taux plus élevé. Un régime transitoire caractérise le passage du régime laminaire au régime turbulent. L'augmentation de la perméabilité dépend du degré de saturation.

D'après Henri Darcy (1856), le débit d'eau s'écoulant à travers un massif de sable est le suivant :

Où :

$$Q= K.A.i$$

Q : Débit (m/s), K : Conductivité hydraulique, A : Surface traversée par le fluide (m^2) et i : Gradient hydraulique (i= (h1-h2)/l).

La diffusion des gaz est liée à l'agitation moléculaire. La résultante de l'agitation sera donc un transfert de particules de la zone la plus concentrée vers la zone la moins concentrée et ce jusqu'à ce que la concentration devienne homogène.

Nicholson et coll., 1989 ont affirmé que le transfert de l'oxygène dans les résidus miniers se fait essentiellement par diffusion à travers les pores partiellement saturés. En milieu poreux, la diffusion moléculaire se poursuit dans l'ensemble de la phase fluide. Seul le solide arrête le mouvement brownien des particules.

La migration des solutés en milieu poreux se fait par trois mécanismes; l'advection, la diffusion moléculaire et la dispersion cinématique.

A ce titre, il faut savoir que dans les résidus miniers la perméabilité à l'eau est très grande. L'eau qui s'infiltre peut donc assez rapidement atteindre la base de la halde et contribuer aux effluents miniers acides. La perméabilité à l'air est aussi grande, ce qui facilite la circulation de l'oxygène de l'air qui active les réactions d'oxydation de la pyrrhotite et de la pyrite. Celles-ci sont exothermiques et la chaleur ainsi dégagée, rend les gaz instables. Il s'en suit alors des mouvements de convection importants qui se mettent en place et stimulent encore plus le transport d'oxygène en profondeur. Ce mode de transport d'oxygène serait plus important qu'un transport par diffusion (Figure I.6).

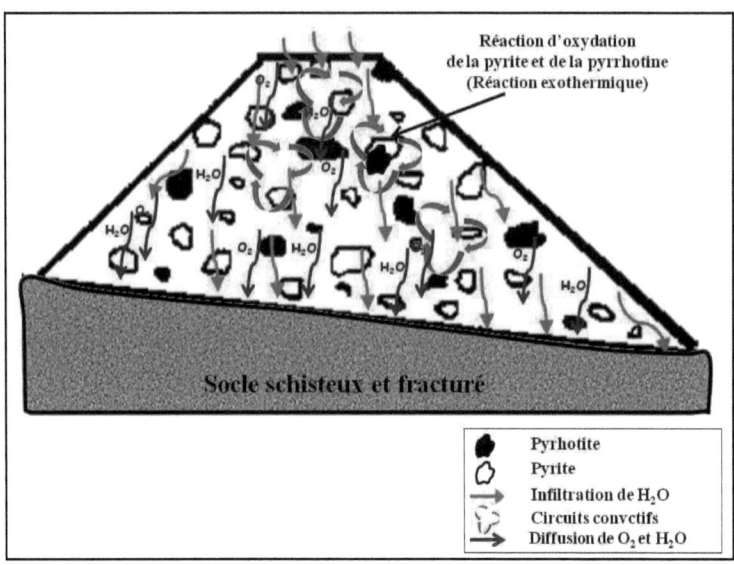

Réaction d'oxydation
de la pyrite et de la pyrrhotine
(Réaction exothermique)

Socle schisteux et fracturé

● Pyrhotite
○ Pyrite
→ Infiltration de H_2O
↘ Circuits convctifs
⇒ Diffusion de O_2 et H_2O

Figure I.6: Processus du transport d'oxygène dans des circuits convectifs.

II.2.3. Mécanismes de neutralisation

La production de DMA peut être atténuée par des minéraux acidivores, qui se dissolvent pour neutraliser l'acidité produite. Les principaux minéraux responsables de la neutralisation du milieu acide et les plus efficaces sont les carbonates (calcite et dolomite).

Le tableau I.4 résume les principaux minéraux neutralisants rencontrés dans les résidus miniers.

Carbonates	Hydroxydes	Silicates
Calcite ($CaCO_3$)	Gibbsite ($Al(OH)_3$)	Chlorite $(Mg,Fe)_5Al(Si_3Al)O_{10}(OH)_2$
Aragonite ($CaCO_3$)	Manganite ($MnOOH$)	Orthose ($KAlSi_3O_8$)
Dolomite ($CaMg(CO_3)_2$)	Goethite ($FeOOH$)	Albite ($NaAlSi_3O_8$)
Magnésite ($MgCO_3$)	Brucite ($Mg(OH)_2$)	Anorthite ($CaNaAl_2Si_2O_8$)
Ankérite ($Ca(Fe,Mg)(CO_3)_2$)		Muscovite ($KAl_2(SiAl)O_{10}(OH)_2$)
Kutnohorite ($CaMn(CO_3)_2$)		Biotite ($K(Fe, Mg)_3AlSi_3O_{10}(OH)_2$)
Sidérite ($FeCO_3$)		
Smithsonite ($ZnCO_3$)		
Cérusite ($PbCO_3$)		

Tableau I.4 : Principaux minéraux neutralisants (Aubertin et al., 2002a).

Les mécanismes de neutralisation de l'acide sulfurique par les minéraux acidivores, notamment la calcite et la dolomite, sont illustrés dans les équations suivantes :

$$[5] \quad 2CaCO_3 + H_2SO_4 \rightarrow 2Ca^{2+} + 2HCO_3^- + SO_4^{-2} \text{ (Calcite)}$$
$$[6] \quad CaMg(CO_3)_2 + H_2SO_4 \rightarrow Ca^{2+} + Mg^{2+} + 2HCO_3^- + SO_4^{-2} \text{ (Dolomite)}$$

Il existe d'autres minéraux qui peuvent réduire l'acidité, tel l'hydroxyde d'aluminium :
$$[7] \quad Al(OH)_3 + 3H^+ \rightarrow Al^{3+} + 3H_2O \text{ (Hydroxyde d'aluminium)}$$

Le taux de dissolution de la calcite est plus rapide et permet de tamponner le pH des eaux interstitielles entre 6 et 7,5, la dissolution des autres carbonates est plus lente.

II.2.4. Formation des minéraux secondaires

Parallèlement au déroulement des réactions de neutralisation, les concentrations des solutés vont augmenter jusqu'à engendrer la précipitation de minéraux secondaires, dont les principaux types sont l'hydroxyde de fer, la jarosite et le gypse (Chtaini, 1999). Ces deux derniers sont souvent associés comme produits d'oxydation de la pyrite dans les shales et provoquent une forte augmentation de volume du remblai ce qui affecte les fondations qu'il supporte (Bérubé et al., 1986).

II.3. Facteurs influençant la production du DMA

Les facteurs primaires qui favorisent la production du DMA sont la disponibilité de l'oxygène, la disponibilité de l'eau, le pH initial, l'activité bactérienne et la température (BRGM., 2000).
Les facteurs secondaires qui agissent une fois le mécanisme de formation d'acidité déjà en place sont :

- ❖ La présence de minéraux susceptibles de neutraliser l'acidité (les carbonates),
- ❖ L'influence du pH sur l'équilibre Fe^{2+}/Fe^{3+}. Si le pH est faible le fer ferrique reste en solution et se comporte comme un oxydant. Si le pH est supérieur à 3,5 le Fe^{3+} précipite sous forme d'hydroxyde,
- ❖ La taille des particules dans le cas d'une percolation. Elle est généralement de l'ordre de 200mm pour un tas de stérile et souvent inférieur à 0,2mm pour un rejet de laverie,
- ❖ La granulométrie,
- ❖ Le degré de saturation en eau.

II.4. Conséquences environnementales du DMA

Le drainage minier acide conduit à la mise en place des éléments très nocifs pour la santé humaine, pour les infrastructures et pour la qualité de l'eau superficielle et/ou souterraine. L'acidification du milieu naturel est le principal effet du DMA dans un secteur minier.

Les principaux effets du drainage minier acide dépendent du volume, de la chimie de l'eau rejetée, de la taille et la capacité tampon du flux récepteur. Ces effets sont ressentis par les stocks de déchets miniers, la qualité de l'eau souterraine, le paysage et les écosystèmes.

Les effets du DMA sont variés en fonction du climat et de la distance d'influence du DMA. Les ruissellements et les infiltrations des eaux sont les principaux facteurs de transport de la pollution.

Les climats à alternance de période humide et sèche sont les plus favorables à l'accumulation de produits d'oxydation. Comme exemple, l'inondation peut provoquer des pH bas, une salinité élevée et de fortes concentrations en métaux qui peuvent représenter des conditions fatales pour la vie aquatique.

Le DMA peut entrainer aussi des changements physico-chimiques du milieu comme l'augmentation de la teneur en dioxyde de carbone dans l'eau par réaction avec les roches carbonatées présentes dans le lit de la rivière, la réduction de la teneur en oxygène dissous par l'oxydation des métaux, l'augmentation de la turbidité par érosion des sols et l'apparition de particules fines en suspension.

Les conséquences des eaux acides sont les effets directs du changement de pH sur la vie aquatique et indirectement l'interruption de la chaine alimentaire. Les eaux acides présentent un nombre plus réduit d'espèces et des populations de macro invertébrés moins abondantes que les eaux neutres. Les espèces tolérantes aux pH faibles sont *Leuctra et Amphinemura* (BRGM., 2000).

L'acidité augmente la perméabilité des branchies des poissons à l'eau ce qui perturbe gravement leur fonctionnement. Les pH faibles (<5) entraînent des perturbations de l'équilibre en ions chlorure et sodium du sang des animaux (Earle et Callaghan, 1998). Lorsque le pH est en deçà du seuil inférieur de tolérance, variable selon les espèces, des problèmes de respiration et de régulation de la pression osmotique entraînent la mort de ces organismes (Collon, 2003). La mouche de mai est l'insecte aquatique le plus sensible au pH (Earle et Callaghan, 1998).

Les métaux augmentent la toxicité de l'effluent minier acide. Dans l'eau les métaux s'adsorbent sur des particules en suspension mais la salinité de l'eau et la présence de substances humiques ou de composés organiques libérés par les algues planctoniques modifie leur état chimique (solubilité, état d'oxydation, complexations…).

Le zinc, le cadmium et le cuivre sont toxiques aux faibles pH et agissent en synergie pour inhiber la croissance des algues et affecter les poissons.

Les métaux se concentrent à la fois dans les sédiments et dans les biofilms en aval des sites miniers. Il existe une forte corrélation entre les concentrations métalliques dans les échantillons de périphyton (algues, microorganismes, dépôts minéraux) et les concentrations dans les sédiments fins (BRGM., 2000).

Le zinc, le cadmium, le nickel, le cuivre, l'arsenic, les cyanures, le mercure et le plomb sont toxiques pour les poissons et les macro-invertébrés benthiques même à de très faibles concentrations. Ils se concentrent dans les sédiments, les algues marines et les macrophytes en aval des sites miniers et contaminent progressivement les populations benthiques ainsi que la mortalité des poissons apparaît à partir des pH inférieurs à 5. Le drainage minier s'accompagne d'une mise en solution d'éléments plus ou moins néfastes pour la santé humaine, corrosifs pour les infrastructures et les canalisations (Annexe I.2).

Le drainage minier acide provoque une augmentation des particules solides en suspension, celles-ci proviennent de la précipitation des métaux sous forme d'hydroxydes et d'oxhydroxydes. Ces précipités métalliques se déposent sur les organismes aquatiques et ont une action anoxique sur la faune et la flore. Elles peuvent causer une mortalité importante chez les poissons en obstruant leurs branchies, en altérant leur habitat, en contaminant les sédiments ou en réduisant la pénétration de la lumière dans les eaux réceptrices (Collon, 2003).

II.5. Méthodes d'atténuation du DMA

Il est indispensable d'essayer de limiter ou d'inhiber les impacts environnementaux quand les résidus miniers sont potentiellement générateurs de DMA. Puisque le drainage minier acide est le résultat d'interaction entre les rejets sulfureux, l'oxygène et l'eau, les moyens utilisés pour contrôler sa production seraient d'éliminer un ou plusieurs de ces éléments.

Plusieurs méthodes d'atténuation sont disponibles pour prévenir la production de drainage minier acide, parmi lesquelles nous citons :

❖ Traitement des effluents :

Cette technique de traitement des effluents vise à améliorer la qualité des lixiviats ayant percolé à travers les résidus miniers réactifs. Elle présente certains inconvénients liés au maintien à long terme d'infrastructures servant au traitement chimique de l'eau, et la production de boues de traitement qui doivent être entreposés dans des aires prévues à cet effet (Aubertin et al. 2002). Il existe deux types de techniques de traitement des effluents : traitement actif et traitement passif.

- Traitement actif : Ce traitement consiste à récolter les eaux de lixiviation provenant des parcs à résidus miniers et à les canaliser vers un bassin où elles sont traitées chimiquement ou biologiquement. Les procédés comprennent l'ajout des substances alcalines (CaO, Ca(OH)$_2$ et CaCO$_3$) afin d'augmenter le pH et entraîner la précipitation des métaux. Le traitement microbiologique consiste a ajouter des bactéries sulfo-réductrices.

- Traitement passif : Les systèmes de traitements passifs font intervenir des processus d'élimination chimiques, biologiques et physiques qui existent souvent à l'état naturel dans l'environnement et modifient les propriétés de l'influent. Le traitement passif vise l'ajout d'un matériau alcalin aux résidus miniers ou de faire passer le lixiviat à travers des drains de calcaires anoxiques relevant des travaux récents de Ouakibi et al., (2013).

❖ **Contrôle de la production du DMA par la prévention :**

Cette méthode vise à éliminer ou à réduire à des niveaux très faibles, la présence d'oxygène, d'eau ou de sulfures. Ce qui permettrait d'éliminer pratiquement la production d'acide.

Le dépôt subaquatique est une technique efficace pour prévenir la production d'acide qui consiste à limiter l'infiltration de l'oxygène en plaçant un recouvrement d'eau par-dessus les résidus miniers (Mend 2001; Aubertin et al., 2002) car le coefficient de diffusion effectif de l'oxygène dans l'eau stagnante est environ 10000 fois plus faible que celui dans l'air (Aubertin et al., 2002).

Il y a des recouvrements de type couvertures à effets de barrière capillaire (CEBC). Ces couvertures inhibent la diffusion d'oxygène en gardant près de la saturation une couche de matériaux fins placés entre deux couches de matériaux grossiers. La couche de rétention d'eau conserve une teneur en eau élevée dans le temps grâce aux effets de barrière capillaire générés aux interfaces matériau grossier - matériau fin (Bussière et al., 2003; Dagenais et al., 2003). Les résidus miniers à faible réactivité (faible teneur en sulfures) peuvent être utilisés comme barrières capillaires contre la diffusion des gaz aux résidus réactifs, essentiellement dans le cas ou d'autres matériaux sont indisponibles près du site minier. Des essais en colonnes ont montré qu'avec de telles couvertures, les lixiviats produits sont proches de la neutralité et les teneurs en métaux sont réduites à 90% (Bussière et al., 2003). Alors que d'autres travaux ont déconseillé

44

l'usage de ces résidus à faibles teneurs en sulfures en couverture à cause de la possibilité d'oxydation de ces derniers (Lei et Watkins, 2005).

Dans les régions arides et semi- arides, il est impossible de mettre en place des barrières de recouvrement pour limiter la diffusion d'oxygène parce qu'il est très difficile de maintenir une couverture à l'état humide dans de telles conditions. Par conséquent, pour ces climats, le but est surtout de limiter l'infiltration des eaux (O'kane et al., 1995).

Un autre type de barrière de recouvrement peut être utilisé à fin d'éliminer la production de DMA. En excluant tout apport en eau aux résidus miniers sulfureux, c'est l'aménagement d'une barrière imperméable qui empêche l'infiltration des eaux. Ces barrières peuvent être à base de sols à faibles conductivités hydrauliques ou de matériaux synthétiques peu perméables (Aubertin et al., 2002). Cependant, Les géo-membranes ne sont pas toujours considérées comme une méthode pratique. Leur dégradation à long terme favoriserait une infiltration d'eau et la production d'acide (Robertson et Kirsten, 1989).

❖ **Désulfuration environnementale :**

La présence de minéraux sulfureux dans les résidus miniers est essentielle pour produire le DMA. Si l'on retire suffisamment de sulfures des rejets à l'usine de concentration du minerai, la quantité de drainage contaminé provenant des matériaux désulfurés sera négligeable. Pour séparer les sulfures contenus dans les résidus miniers, on utilise des techniques de concentration telle la flottation et les méthodes gravimétriques (Bussière et al. (1995, 1998a), Benzaazoua et al. (1998, 2000), Benzaazoua et Bussière (1999), Benzaazoua et Kongolo (2003), Bois et al. (2005) et Mermillod-Blondin et al. (2005).

Les matériaux à concentration élevée en sulfures devront être par la suite traités séparément, ce qui réduira les coûts attribués à ce traitement complémentaire.

❖ **Amendement alcalin :**

Cette méthode, qui consiste à mélanger les résidus générateurs de DMA avec des matériaux alcalins, vise à atténuer l'oxydation des sulfures et à neutraliser les eaux de drainage. Les carbonates de calcium sont les matériaux les plus communément utilisés comme amendement alcalin (Lapakko et al., 1997; Mylona et al., 2000). Des nombreux travaux de recherche se sont intéressés à l'étude d'amendement des résidus miniers par des matériaux alcalins (Hakkou et al., 2009; González et al., 2012).

La neutralisation de l'acidité par la dissolution des minéraux alcalins conduit généralement à la formation de phases minérales secondaires (sulfates, carbonates, hydroxydes), qui immobilisent les métaux dissous par co-précipitation ou adsorption (Lapakko et al., 1997; Bertocchi et al., 2006; Pérez-López et al., 2007). Ces minéraux secondaires, essentiellement des hydroxydes, précipitent souvent à la surface des sulfures générateurs de DMA, ce qui peut aboutir à leur passivation (Lapakko et al., 1997).

Afin que l'amendement soit efficace, il faut qu'il soit mélangé aux résidus miniers dans des proportions optimales pour assurer une neutralisation de l'acidité à long terme. Il faut également que les phases secondaires soient chimiquement stables pour assurer une immobilisation in situ des métaux à long terme (Mehling et al., 1997; Doye, 2005).

PARTIE II : GEOLOGIE ET GITOLOGIE DE LA MINE DE KETTARA

Cette partie comporte la présentation du massif des Jebilet dans son cadre géographique, géologique, son cadre structural et sa gîtologie émanant d'une synthèse bibliographique.

Nous discuterons également la géologie et la gîtologie du secteur de Kettara de même qu'un bref historique de la mine.

INTRODUCTION

Le Maroc est subdivisé en trois domaines structuraux (Michard ,1976) du Sud au Nord du Maroc, on distingue:

Le domaine Anti Atlasique et Saharien qui est affecté par des Orogenèses précambriennes et par des orogenèses paléozoïques (calédonienne et hercynienne).

Le domaine Rifain : affecté par l'orogenèse alpine et hercynienne (Barodi et al., 2002).

Le domaine Atlasique et Mesetien : affecté par l'orogenèse hercynienne et alpine. Les domaines Mésetiens montrent une couverture alpine généralement tabulaire, superposée à un socle primaire pénéplané. Le domaine Mésetien est composé d'une meseta orientale et une meseta occidentale. Cette dernière correspond à une zone de couverture post-Paléozoïque sub-tabulaire, peu épaisse et reposant sur la plate forme varisque. Cette dernière affleure largement au niveau du Maroc central et dans les massifs des Rehamna et des Jebilet (Figure II.1).

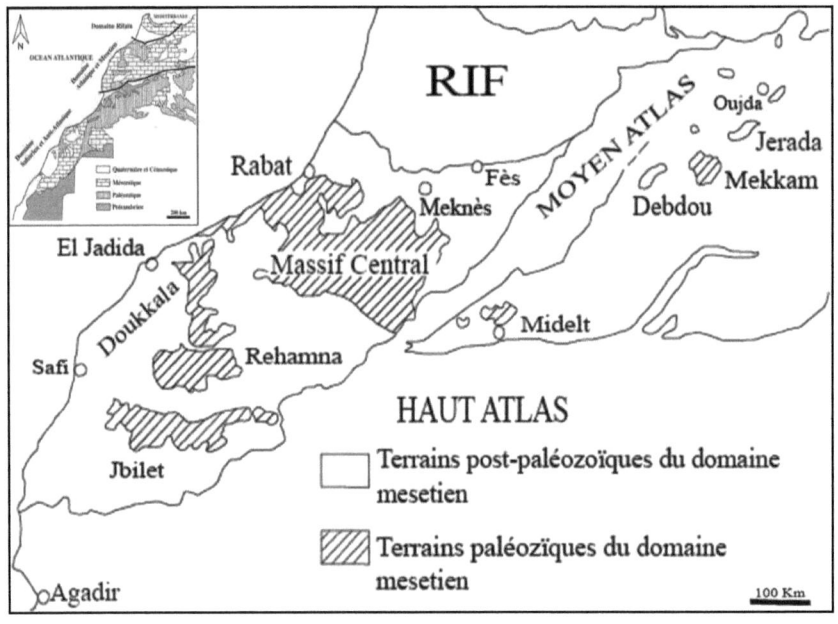

Figure II.1 : Affleurements du socle de la Meseta (Piqué, 1994).

CHAPITRE I : GEOLOGIE DU MASSIF DES JEBILET

I.1. Massif des Jebilet

I.1.1. Cadre géologique et géographique des Jebilet

Le massif des Jebilet est situé au nord de la ville de Marrakech. Il encaisse plusieurs types de minéralisations d'intérêt économique. Il forme un chaînon atlasique de 170 km de longueur, orienté E-W, perpendiculairement aux structures hercyniennes. Le réseau hydrographique, de densité moyenne, confère au massif un modelé de plaines rocheuses peu accidentées.

Selon Huvelin (1977), ce massif est constitué de trois grandes unités (Figure II.2) :

* L'unité occidentale, dite mole stable, à matériel cambro-ordovicien à carbonifère.

* L'unité centrale, dont les formations sont rapportées au viséen supérieur. Cette unité contient les gisements et l'indice de pyrrhotite.

* L'unité orientale, composée de terrains cambro-ordoviciens dans sa partie occidentale et du viséen supérieur dans sa partie orientale.

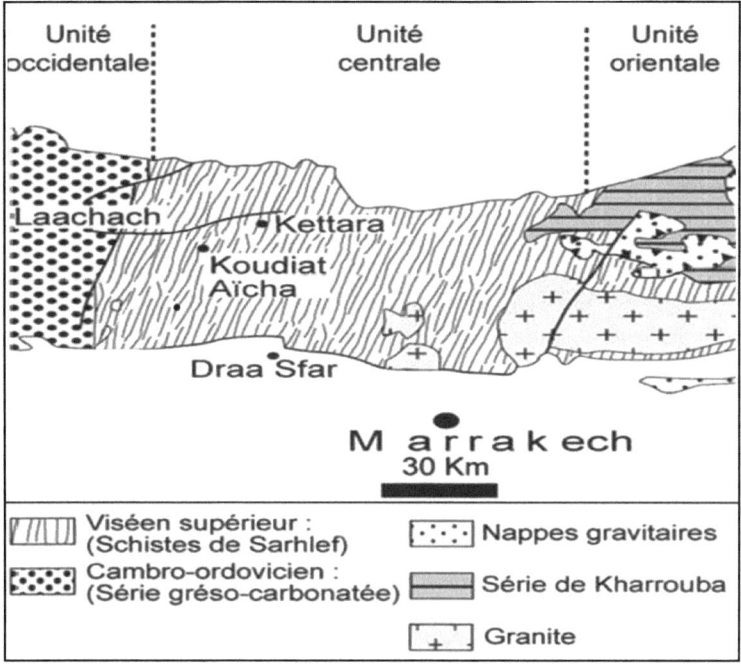

Figure II.2: Les grandes unités des Jebilet (Jaffal et al., 2010).

I.1.2. Stratigraphie et pétrographie

Les faciès des Jebilet se répartissant du Précambrien au Quaternaire (Huvelin et Viland, 1976)

Précambrien : Il n'est pas connu dans les Jebilet, mais il existe, particulièrement dans la région de Kettara, sous forme d'enclaves de roches éruptives ou métamorphique dans les filons de microdiorites (Huvelin, 1977).

Cambrien : Le cambrien inférieur a été mis en évidence par la présence des carbonates avec des constructions récifales à Archéocyathidés. Ces faciès affleurent notamment au niveau du Jebel Irhoud, dans les Jebilet occidentales.

Le Cambrien moyen est représenté par une épaisse série de schistes à paradoxides, surmontée par des quartzites et associée avec des niveaux pyroclastiques, notamment au niveau de la méseta occidentale (Meseta côtière, Rehamna et Jebilet occidentales)

Ordovicien : Il est représenté dans trois localités :

- Les Jebilets occidentales : Il est représenté par des schistes psammiteux à graptolithes de l'Arenig et des pélites argileux.

- La région du Jebel Bou-Gader : L'Ordovicien est connu sous forme de grés probablement caradociens,

- La nappe des Jebilet orientales : L'Ordovicien est constitué par des psammites, schistes psammiteux ou schistes argileux coupés de bancs de quartzite d'âge ordovicien supérieur et renfermant des trilobites, des broyozoaires et des graptolithes indéterminables qui datent du caradoc ou l'Ashgill.

Silurien et Dévonien : Le silurien n'est connu que dans la moitié orientale des Jebilet; le dévonien y affleure également, ainsi que dans les Jebilet occidentales à Jebel Ardouz; il comprend un conglomérat à ciment gréso-calcareux rouge et à galets de quartzite peut être d'âge dévonien inférieur des calcaires à polypiers d'âge dévonien moyen ou frasnien et des grés à brachiopodes d'âge faménien supérieur avec la même faune qu'à Mechraâ Ben Abbou (Hollard, 1967).

Le **Silurien-Dévonien** de la nappe des Jebilet orientales comprend des phtanites et des schistes à graptolithes, des schistes verts à bivalves et des schistes à bancs de calcaires bioclastiques lités à tentaculites, des flysch gréseux et un ensemble de faciès flysch formé de schistes siliceux.

Viséen supérieur-Namurien : Au sein des Jebilets, le domaine oriental de ce massif représente, au Viséen supérieur, une terre émergée fournissant des décharges détritiques aux régions plus effondrées dans les domaines central et occidental. Huvelin (1977) décrit au Viséen, en allant de l'ouest vers l'est du massif, les séries suivantes (Figure II.3) :

- La série du Sarhlef : datée du Viséen moyen supérieur, cette série constitue un ensemble assez monotone, formé surtout de shales et de bancs silto-gréseux à intercalations de niveaux détritiques (tempéstites). Ce sont essentiellement des dépôts de plate-forme marine distale. A ces formations sédimentaires, s'associent des intrusions de roches magmatiques bimodales issues de la différenciation d'une série tholéitique. Ce sont principalement des trondhjémites, des gabbros et des dolérites, rapportés au Viséen supérieur.

Il s'y intercale des nivaux détritiques à faciés de tempestites et, à Kettara et à Hajar (Leblanc, 1993), des amas sulfurés d'importance économique.

- La série de Kharrouba : cette série est constituée notamment par des roches de plate-forme, matérialisées par des calcaires bioclastiques, des grés et des turbidites. Elle est datée, à son sommet, du Viséen supérieur.

Au niveau de Jebilet orientales, le Carbonifére terminal est signalé dans des couches détritiques dans la région de Senhaja.

Le Stéphanien supérieur, essentiellement fluviatile, est représenté par deux séries : à la base, des dépôts gréso-conglomératiques, au dessus, des grés et des silites. Quelques niveaux de charbon sont intercalés dans ces deux séries.

Westphalo-Permien : Il se compose des sédiments détritiques rouges plissés sans schistosité avant l'achèvement de la surface d'érosion post-hercynienne et le dépôt du Permo - Trias.

Il est composé de conglomérat à ciment péliteux des Oulad-Mâachou et des Oulad – Moussa représentant le westphalo-permien dans l'extrémité occidentale des Jebilet.

Dans les Senhaja (extrémité orientale des Jebilet), il comprend des conglomérats, des laves acides altérées et des dépôts à sédimentation rythmique.

Permo-Trias : Composé de pélite et d'argile gypso-saliféres à intercalations gréseuses, de coulées de basaltes doléritiques à intercalations de roches éruptives grenues acides et les pélites rouges semblables à celles situés sous les basaltes (Jebilet occidentales). Les argiles rouges à gypse et sel et les marnes blanches qui correspondent à un faciès laguno-marins appartiennent déjà à la base du Lias (Roch, 1939).

Jurassique, Crétacé et Eocène : Le Jurassique supérieur marin repose tantôt en discordance sur le socle hercynien tantôt en concordance sur le trias ; il renferme des gîtes sédimentaires (gypse et anhydrite).

Le crétacé puis l'éocène reposent sur le socle, à l'Est de chemaia et dans la Bahira, il renferme les phosphates de Youssoufia et Chichaoua.

Mio-pliocéne : Les dépôts du Mio-pliocéne se composent de conglomérats et de limons. Ils apparaissent dans l'entaille de l'ordovicien de Bou–khras (Dresch, 1941). Dans les Jebilet occidentales, ils affleurent dans l'Oued Sifer et l'Oued Loudi sous les conglomérats d'épandage dans lesquels le Tensift a creusé sa vallée.

Plio-villafranchien et Pléistocène : Le sommet des conglomérats dans lesquels les grandes Oueds (O.Lakhdar, O.Tensift, O.El-Abid) ont entaillé leur vallée en plaine parait généralement, correspondre à la fin du villafranchien; dans les Jebilet occidentales et centrales, il se raccorde sur la rive nord du Tensift à un grand glacier d'érosion sur schiste parsemé de reliefs appalachiens.

I.1.3. Granite hercynien

Le granite hercynien des Jebilet centrales est un granite monzonitique porphyroïde en batholites circonscrits, à grain grossier ou moyen, à biotite et renfermant des enclaves surmicacées et des macros cristaux isolés d'andalousite en particulier sur ses bordures.

Il existe cependant d'autres termes qui s'associent au granite :

- Un granite alcalin clair à grain plus fin et à microline abondante
- Des faciès de greisen à tourmaline
- Des pegmatites en filons encaissés
- Une auréole de métamorphisme de contact avec une cornéenne

I.1.4. Filons de roches éruptives

Deux types de filons, généralement concordant avec la schistosité, peuvent être distingués :

- Les filons de microdiorites des Jebilet centrales renfermant des enclaves granitoïdes témoignant de l'existence d'un complexe de types orogénique et d'âge hercynien, en profondeur.
- Les filons de roches basiques des Jebilet occidentales.

I.1.5. Cadre structural

Une synthèse des événements tectoniques des Jebilet réalisée par Huvelin et Viland (1976) est résumée dans le tableau II.1 ci-dessous :

Déformations		Caractérisation
Déformations hercyniennes et post hercyniennes	Déformations hercyniennes	- Déformations anté-viséennes sont modérées. Au Viséen supérieur : Jeux de subsidence et mise en place de terrains allochtones. - Déformations post viséennes (Déformations majeurs) s'accompagne de schistosité, métamorphisme et mise en place de granite. - Déformations tardives sont Westphalo-permiens.
	Déformations post hercyniennes	- Période d'effondrement - Phases de distension entrainant la mise en place de filons minéralisés sécants sur les plis hercyniens (Huvelin, 1976).
Déformations secondaires et tertiaires		- Déformations post-Kimmerdjiennes correspondant probablement au rejeux des failles hercyniennes. - Déformation Eocène constitue la première phase atlasique majeure. - Déformations post-Mio-pliocène rehaussent la voûte anticlinale des terrains anciens.
Déformations plio-villafranchiennes		Dans le Haouz oriental, les conglomérats plio-villafranchiens subissent un rejeu de plissement anticlinal et de NW-SE.

Tableau II.1: Tableau résumant les déformations dans les Jebilet (Huvelin et Viland, 1976).

I.1.6. Gîtologie

Huvelin et Viland, (1976) ont définit trois principaux types de gisements selon leur âge et/ou leur localisation (Tableau II.2).

Type de Gisement		Localité	Morphologie du gisement
Gîtes pré hercyniens ou hercyniens		Kettara	Amas sulfurés
		Frag-El-Ma	Zones à gaphite dans les calcaires métamorphiques associés à la Scheelite
		J.Gueliz	Calcaires métamorphiques
		Roc Blanc et Koudiat El Hamra	Filons polymétalliques argentifères
Gîtes pré atlastiques	Gîtes dans le socle hercynien	J.Haimer	Filons polymétalliques cuprifères
		Sidi Bou Othmane	Filons de pegmatites lithinifères
		Tabouchent	Filons stannifères
		J.Sarhlef, Bir Nehas	Filons plomb zincifères
		Kharrouba	Filons cuprifères
		Jebilet occidentales	Barytiques
	Gîtes dans la couverture post hercynienne	Lias des Jebilet orientales	Strates minéralisées en Fe-Mn
		Base de jurassique supérieur	Strates minéralisées en Pb-Cu
		Région de Safi	Gisements de gypse
		Eocène inférieur à Youssoufia	Couches phosphatées
		Lac Zima	Sel provient du lessivage de la couverture

Tableau II.2: Principaux types de gisements dans les Jebilet (Huvelin et Viland, 1976).

I.2. Jebilet centrales

L'unité des Jebilet centrales est constituée d'une formation volcano-sédimentaire, formée de schistes de «Sarhlef», de passées lenticulaires de calcaires bioclastiques et de grès (Bordonaro, 1984). Leur dépôt a été accompagné d'une activité magmatique préorogénique intense qui se manifeste par des laves et des sills de roches éruptives, de cinérites, de jaspes et de tufs acides. Les minéralisations des Jebilet sont pour la plus part liées à une activité magmatique précoce de la chaîne hercynienne et caractérisent une époque métallogénique carbonifère.

Du point de vue structural, les Jebilet centrales sont affectés par quatre phases de déformation souple et cassante (Birlea, 1990).

I.2.1. Cadre géologique et géographique des Jebilet centrales

Les formations des Jebilet centrales sont rapportées au Viséen supérieur, elles renferment l'ensemble des gisements de types amas sulfurés.

L'unité des Jebilet centrales forme une bande de 25 Km de large, limitée au nord par la plaine de la Bahira et au sud par la plaine du Haouz. Elle s'ennoie au sud, au niveau de l'oued Tensift, sous une couverture plioquaternaire pour réapparaître dans la boutonnière des Guemassa.

I.2.2. Stratigraphie et sédimentologie des Jebilet centrales

Le Viséen supérieur est caractérisé par deux séries stratigraphiques distinctes :
- La série de Sarhlef caractérisant la partie centrale des Jebilet,
- La série de Kharrouba au niveau des Jebilet orientales.

Selon Huvelin (1977), ces deux séries traduisent une évolution verticales, avec à la base la série de Kharrouba, alors que selon Gaillet (1979) et Bordonaro (1983), elles correspondant à une variation latérale de faciés. Ces deux séries sont scellées par la formation calcaro-détritiques de Teksim (Gaillet, 1979).

La série de Sarhlef comprend des bancs lenticulaires de calcaires et de grés, des tuffites acides et basiques. Elle est composée de trois formations (Bordonaro, 1983) (Figure II.3) :

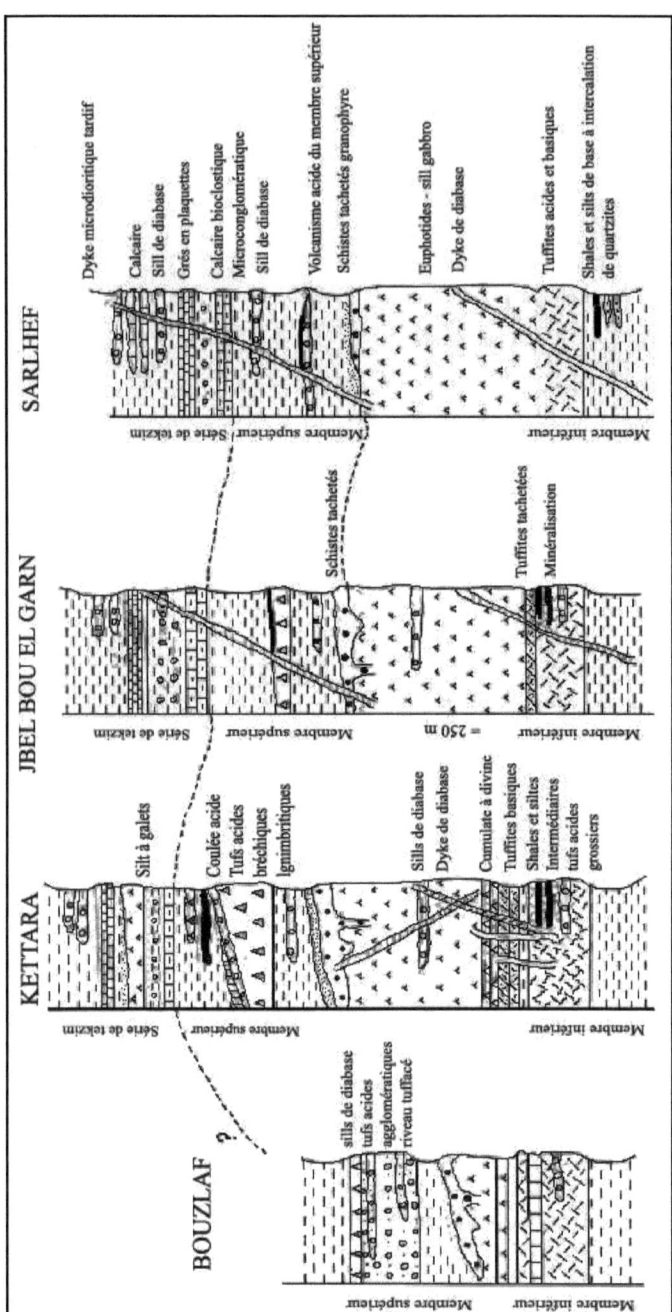

Figure II.3: Logs stratigraphiques des Jebilet centrales (Bordonaro, 1983).

56

- La formation de Jbel Rhira à la base, de nature quartzitique et quartzo-pélitique,

- La formation volcano-sédimentaires de Jbel Sarhlef qui est formée de deux membres : le membre inférieur à volcanisme acide (ou acide et basique ?), constitué essentiellement de tuffites, et le membre supérieur à quartz-kératophyres, brèches d'explosion, tufs agglomératiques et laves,

- La formation de Jbel Taksim sommitale, formée de calcaires microconglomératiques et bioclastiques (Viséen-supérieur) à sa base et de pélites et grés en plaquettes à son sommet. L'analyse sédimentologique et stratigraphique des schistes de Sarhlef permet de les interpréter comme représentant un dépôt de plate forme anoxique (Beauchamp et al., 1991). La série de kharrouba quant à elle, composée de flysch gréseux à plantes (deux types culm) (Huvelin, 1977) a été interprétée comme un dépôt de plate forme littoral (Tempestite) et de fossé (Turbidites).

I.2.3. Magmatisme des Jebilet centrales

Selon Bordonaro (1984), les roches magmatiques des Jebilet centrales se présentent en deux ensembles :

Un ensemble précoce, volcanique effusif, acide et basique, représenté par des tuffites, des quartz kératophyres et des spilites.

Il est subdivisé en deux groupes :

  - Les tuffites inférieures qui apparaissent dans le membre inférieur de la série du Sarhlef,

  - Les volcanites supérieures qui sont des volcanites acides rhyolitiques à dacitiques et qui apparaissent dans le membre supérieur des schistes du Sarhlef,

Un ensemble intrusif, plus tardif mais anté-tectonique, comprenant des roches basiques (gabbros, diorites) et acides (granophyres).

I.2.4. Cadre structural des Jebilet centrales

Les formations des Jebilet centrales sont affectées par quatre phases de déformation souple ou cassante (Felenc et al., 1986) :

❖ Deux phases de plissements hercyniens majeurs :

  - La première ayant généré des plis isoclinaux d'axe NS de faible importance,

  - La deuxième est caractérisée par des plis d'axe N30, déversés vers l'ouest qui ont généré une schistosité de flux très pénétrative. Cette phase est responsable de la structuration actuelle du massif.

❖ Deux phases cassantes :

- Une phase de cisaillement qui développé des décrochements dextres, NNE-SSW,

- Une phase de déformation tardive, représentée par un jeu conjugué de décrochements dextres NNE-SSN, et senestres SE-NW.

Le tableau ci-dessous résume les principales phases de cette déformation :

Phases de plissements hercyniens		Phases cassantes	
Phase précoce	Phase tardive	Phase précoce	Phase tardive
Plis isoclinaux d'axe N-S	- Plis d'axe N30 - Exemples : Le synclinal de Boukheris, l'anticlinal de Gour Es Sefra, le synclinal de Kechnet... - Association d'un métamorphisme régional épizonal	- Décrochements dextres, orientés NNE-SSW - Association des microstructures de type kink-band et plis en chevrons, d'axes N140° à N170°	Décrochements dextres NNE-SSW et senestres SE-NW

Tableau II.3 : Phases de déformation des Jebilet centrales (Hmeurras, 1997).

CHAPITRE II : PRESENTATION DU SECTEUR DE KETTARA

II.1. Cadre géographique et structural de la mine de Kettara

La mine de Kettara est située à environ 32km au Nord-Ouest de la ville de Marrakech (31°52'15"N–8°10'31"W) (Bossé, 2013), au bord de la route N° 9 menant à la ville côtière de Safi (Figure II.4). Le village minier de Kettara et les installations sociales sont situés en aval de la décharge de résidus (Annexe II.1).

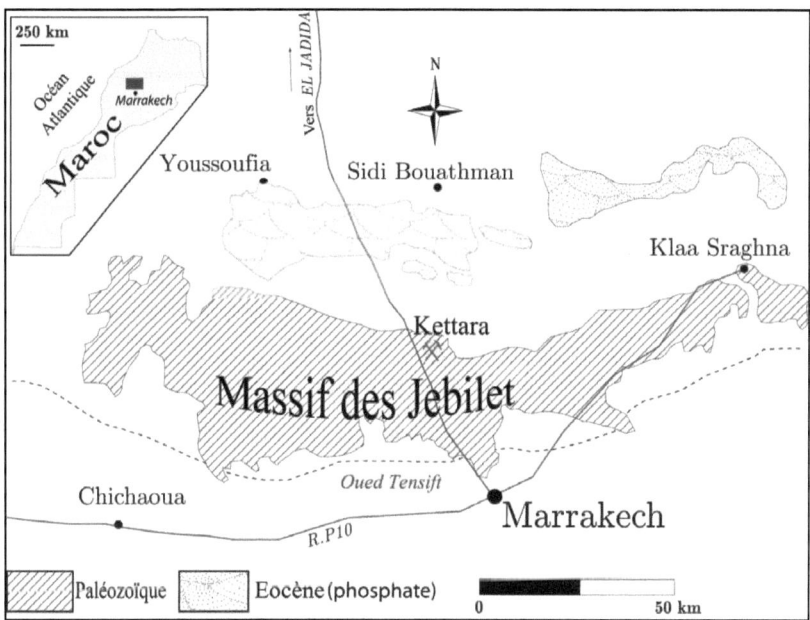

Figure II.4 : Localisation du site minier de Kettara (Hakkou et al., 2009).

L'amas sulfuré de Kettara se trouve sur le flanc Est d'une mégastructure synclinale. Les corps minéralisés sont parallèles à la schistosité et à la stratification des formations encaissantes. Cette structure plissée est affectée par un important accident cisaillant qui se suit sur une longueur de plusieurs kilomètres, parallèlement à l'axe de la mégastructure synschisteuse. En bordure de ce cisaillement, la schistosité est intensément déformée et présente des plis en chevrons qui indiquent un décrochement dextre (Hibti, 2001).

Les structures tectoniques et microtectoniques observées aux alentours des dépôts des rejets miniers correspondent à des failles décrochantes à remplissages quartzo-carbonatés, à des fentes et microfractures à remplissage quartzitique et à une schistosité pénétrative qui affecte l'ensemble de la formation schisto-gréseuse. Les mesures des directions et pendages des plans de ces différentes structures et microstructures et leur projection stéréographique a permis de dégager leur direction moyenne. Les résultats obtenus montrent que l'essentiel des fractures présentent une direction N50 à N80. La famille des fractures N50 est dominante et englobe les failles décrochantes qui forment un réseau nettement visible sur le terrain. Les fractures et microfractures N50 seraient le résultat de drains privilégiés des autres fractures qu'elles recoupent et des surfaces altérées qu'elles affectent (Lghoul et al., 2012b).

II.2. Climatologie et contexte hydrogéologique de la région

Le climat de la zone étudiée est un climat semi-aride. La pluviométrie est de l'ordre de 250 mm/an et l'évapotranspiration peut atteindre 2500 mm/an. Il s'agit là de l'évapotranspiration potentielle (ETP) et non réelle (ETR) (Sinan, 2000). L'humidité relative et la température, quant à elles, passent en moyenne respectivement de 73% et 12°C en janvier à 33% et 29°C en juillet (ONEM, 1997).

Les vents dominants sont faibles, ils viennent de l'ouest et du nord-ouest alors que deux vents desséchants, le chergui et le sirocco soufflent en juillet. Ils viennent de l'est et du sud et pendant une durée qui peut atteindre 39 jours (Hakkou et al., 2005).

Le système aquifère dans la région de Kettara est une bicouche (El Mandour, 1990). La majorité des puits située soit dans la frange altérée de la formation schisteuse, soit dans les alluvions quaternaires le long de l'Oued Kettara ou d'autres thalwegs (Figure II.5).

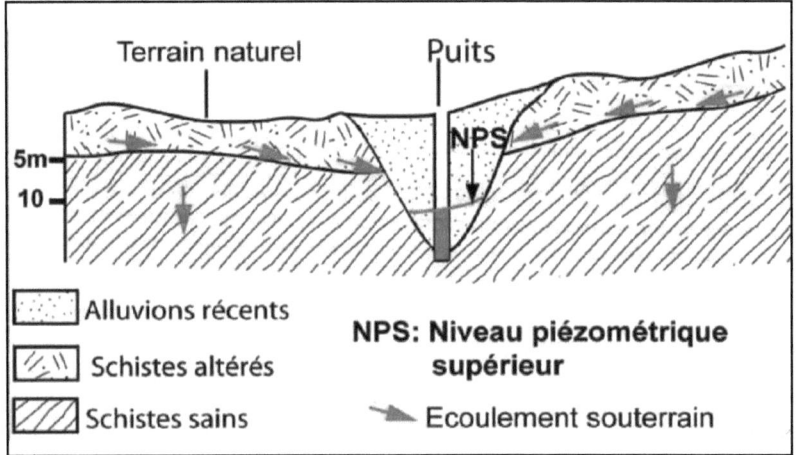

Figure II.5 : Coupe hydrogéologique schématique d'un puits à Kettara (Lghoul et al., 2012b).

60

D'autres puits et forages exploitent un aquifère profond (plus de 60 m) abrité dans le substratum schisto-gréseux fracturé. Le niveau piézométrique de la nappe supérieure est situé entre 10 et 20 m par rapport à la surface du sol. Cette nappe est caractérisée par une faible perméabilité, une transmissivité de 9×10^{-4} m^2/s et un coefficient d'emmagasinement de 5×10^{-2} (El Mandour 1990). Elle fait l'objet d'une exploitation humaine et pastorale par puits traditionnels, son alimentation est assurée par infiltration directe des eaux météoriques à travers les fractures et les alluvions perméables et par l'Oued Kettara et ses affluents. A l'aval des rejets miniers, les eaux de ruissellement acides (Photo II.1) s'infiltrent via le réseau de fractures et de failles N50.

Sur le plan hydrogéologique, la partie supérieure des schistes généralement altérée constitue la formation aquifère la plus importante de la région. La nappe d'eau contenue dans cette formation est relativement peu profonde (10–20 m) et s'écoule du Nord-Est vers le Sud-Ouest avec un gradient hydraulique moyen et uniforme (Lghoul et al., 2012b).

Photo II.1: Ruissellement des eaux de surface acides (Effet DMA) à la faveur d'une averse (Lghoul et al., 2012b).

II.3. Historique de la mine de Kettara

La mine a été exploitée depuis 1938 par la société SYPEK. Trois périodes d'exploitation sont reconnues en fonction du type de minerais extrait (Tableau II.4). De 1964 à 1981, la mine a produit plus de 5,2 millions de tonnes de pyrrhotite concentrée contenant une moyenne de 29% en sulfures (Hakkou et al., 2008a).

L'exploitation a concerné d'abord le chapeau de fer (oxydes de fer), puis la zone de cémentation (minerais de cuivre) et enfin le protore (minerai de pyrrhotite). Le corps minéralisé de Kettara est à prédominance de pyrrhotite, mais pauvre en métaux de base. Le tonnage global, toute minéralisation confondue (Fournier et al., 1987), a été estimé à 21 Mt à 55% Fe, 20% S et 0,5% Cu en moyenne (Figure II.6).

L'encaissant de la minéralisation est constitué d'une série gréso-pélitique non carbonatée. Toute cette série encaissante est traversée par des dykes de gabbro, de dolérite et rarement de rhyolite (Esteyries, 1984).

Périodes d'exploitation	Zones d'exploitation	Volume	Types de minerais	Pourcentages
1938-1962	Chapeau de fer	150000t	Minerai de fusion (Oxyde de fer)	45%-52%
		50000t	Ocre	50%-58%Fe
1955-1966	Zone de cémentation	180000t	Fabrication d'acide sulfurique et récupération du cuivre	38%S
1964-1981	Protore	5244729t	Minerai de pyrrhotine	

Tableau II.4 : Historique de l'exploitation de la mine de Kettara (Fournier et al., 1987).

Durant la période de l'activité minière dans la mine de Kettara, la mine a produit environ trois millions de tonnes de résidus miniers et de stériles riches en sulfures, déposés sur une superficie d'environ 16 ha (Hakkou et al. 2008a). Ces résidus miniers sulfureux issus de l'usine de concentration ou des travaux liés à l'exploitation sont riches en pyrrhotite ($Fe_{(x-1)}S$), pyrite (FeS_2), arsénopyrite ($FeAsS$), chalcopyrite ($CuFeS_2$), galène (PbS) et en blende (ZnS). En tenant compte de la densité moyenne des rejets qui est de 2,88, le volume des rejets est d'environ 1

62

million de m³. En outre, le parc à résidus miniers est entouré de stériles abandonnés qui se présentent principalement sous forme d'une halde principale dont la hauteur est d'environ 15m et de nombreux monticules (terrils) ayant une hauteur d'environ 1,5 m (Hakkou et al., 2005).

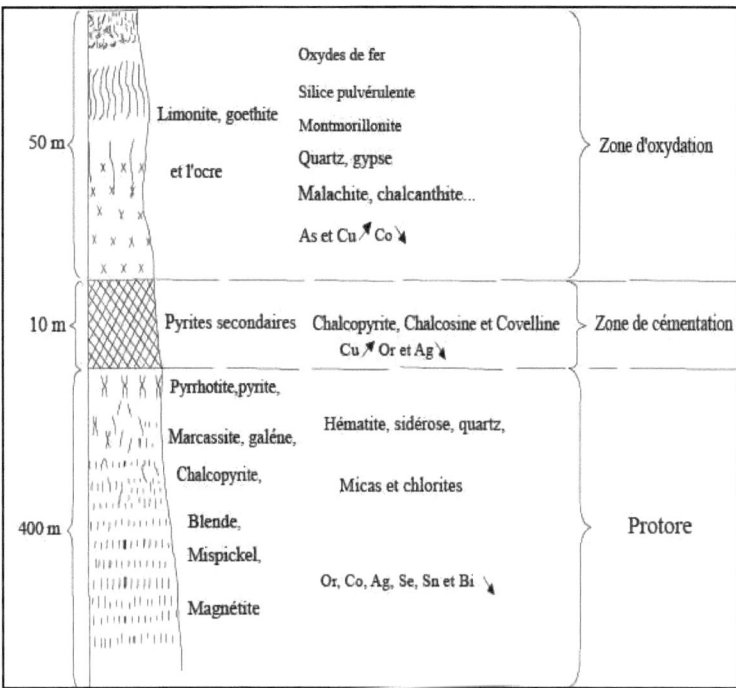

Figure II.6: Les principales zones de l'amas sulfuré de Kettara (Huvelin ,1977).

II.4. Gîtologie de l'amas sulfuré de Kettara

II.4.1. Rappel sur la typologie des amas sulfurés

Les amas sulfurés sont des gisements de sulfures massifs en forme d'amas interstratifiés dans des roches volcaniques ou volcano-sédimentaires. Ils sont formés par les décharges de solutions hydrothermales dans un fond sous-marin et sont constitués principalement de sulfures de fer (pyrite, marcassite et pyrrhotine).

Ils contiennent des quantités variables de métaux de base (Cu, Pb, Zn); certains peuvent être riches en or.

En fonction de la lithologie, la classification de la roche hôte, qui comprend toutes les couches (strates) dans une succession caractéristique d'un événement de temps stratigraphique (Franklin et al., 2005) a été suggérée par Barrie et Hannington (1999), puis modifiée par Franklin et al. (2005).

Les amas sulfurés volcanogènes (VMS) sont divisés en cinq groupes différents (Franklin et al., 2005) :

❖ VMS de type bimodal-mafique dans des rifts naissant sur des arcs de suprasubduction océanique (secteur au-dessus de la zone de subduction), qui sont caractérisés par des coulées et moins de 25% de roches felsiques (ex. les provinces de Noranda (Canada) et d'Oural);

❖ VMS de type mafique d'arrière-arc océanique, caractérisés par des séquences ophiolitiques avec moins de 10% de sédiments (Ex. les gisements de Chypre et d'Oman);

❖ VMS de type mafique silicoclastique (pélitique mafique) d'arrière-arc océanique mature, caractérisés par des quantités comparables de basaltes et de pélites (Ex. le gisement de Besshi (Japon));

❖ VMS de type bimodal felsique dans des rifts naissant sur des arcs de suprasubduction épicontinentaux, caractérisés par 35 à 70% de roches volcanoclastiques felsiques (Ex. le gisement de Kuroko à Japon);

❖ VMS de type silicoclastique felsique dans les arrières-arcs épicontinentaux matures, caractérisés par des roches volcanoclastiques felsiques et des sédiments dérivés de l'érosion continentale (Ex. la province Sud-Ibérique et le gisement de Bathrust à Canada).

❖ Généralement ces regroupements lithologiques sont corrélés avec les différents types de tectonique sous-marine. Cet ordre reflète une transition à partir de l'environnement de VMS le plus primitif, représenté par les ophiolites (mafique) en passant par les rifts d'arcs océaniques (bimodal mafique), les rifts d'arcs évolués (pélitique mafique), des arrières arcs continentaux (bimodal felsique) aux arrières arcs sédimentaires (silicoclastique felsique).

Le tableau II.4 présente la classification des VMS par rapport aux autres typologies existantes (Franklin et al., 2005).

Franklin et al., 2005	Hutchinson, 1973	Cadre géotectonique Klau et Large, 1980	Host volcaniques Klau et Large, 1980	Host séquences Klau et Large, 1980	Cadre tectonique Klau et Large, 1980	Minéralisation type Klau et Large, 1980	Exemple type
Bimodal mafique	Zn-Cu	Greenstone belt	Volcanites felsiques	Greenstone belts	Zone de rift archéen	Zn-Cu-Au-(Pb)	Noranda Oural
Mafique	Cu-pyrite	Séquence ophiolitique	Volcanites mafiques	Ophiolites	Zone d'accrétion océanique et d'arrière arc actif	Cu-(Zn)-Au	Chypre Oman
Mafique silicoclastique (Pelitique mafique)	Zn-Cu	Arc insulaire immature	Volcanites mafiques et felsiques	Basaltes tholéitique± Volcanites felsiques	Zone d'are insulaire immature	Zn –Cu, Cu-Zn	Besshi
Bimodal felsique	Pb-Zn-Cu	Arc insulaire mature	Volcanites felsiques	Calco alcalin, Basalte-Andésite-Rhyolite	Zone arc insulaire mature	Zn-Pb-Cu-Ag-Au-(Ba)	Kuroko Tasmanie
Silicoclastique Felsique	Pb-Zn-Cu	Rift cratonique	Volcanites felsique et sédiments	Bimodal, Basalte-Rhyolite	Rift volcanique dans la croûte sialic	Zn-Pb-Cu-(Ag-Sn)	Bathurst Sud-Ibérie

Tableau II.5 : Synthèse des classifications des VMS (Machault, 2012).

II.4.2. Formation des amas sulfurés volcanogènes

Le mode de formation des sulfures massifs volcanogènes est identique pour tous les types (Galley et al., 2007). Leurs différences au niveau lithostratigraphique, n'ont pas d'influence sur les processus de formation et les étapes restent les mêmes : apparition d'une cellule de convection, construction d'une cheminée hydrothermale à proximité d'une dorsale océanique et enrichissement en métaux (Galley, 1993).

Les dorsales sont des zones de fortes activités volcaniques, conséquences directes des phénomènes d'accrétion et d'extension observés au niveau des plaques tectoniques. Le magma remonte et forme des chambres magmatiques à quelques kilomètres de profondeur.

C'est à ce niveau que se forme la nouvelle croûte océanique (Wilson, 1993). Lors du refroidissement du magma, celui-ci se rétracte et fragilise la croûte océanique en créant des fissures par lesquelles pénètre l'eau de mer. Cette eau se réchauffe en s'approchant des chambres magmatiques, s'acidifie et dissout des constituants basaltiques (Lydon, 1996). Le fluide acide (pH=2-3), à environ 350°C, remonte rapidement jusqu'au plancher océanique, chargé de métaux (fer, zinc, manganèse, plomb et cuivre) et d'éléments réduits (H_2S, CO_2, H_2, CH_4) et caractérisé par une anoxie marquée. Son contact avec l'eau de mer à 2°C provoque la précipitation des minéraux, en fonction de leur stabilité dans les conditions physico-chimiques rencontrées, qui s'accumulent autour des sorties de fluide, formant ainsi des cheminées noires s'élevant en structures concentriques pouvant atteindre 20 mètres de hauteur par lesquelles l'eau chaude continue à sortir (Perkins, 2001; Haase et al., 2009).

La composition du fluide, sa température et son débit sont variables en fonction du niveau de dilution de l'eau de mer au niveau de la sortie. Elle peut donc différer entre les sources d'un même site et entre des sites différents.

Plusieurs catégories de sources hydrothermales en fonction de la composition des fluides émanant peuvent être énumérées :

❖ Les émissions diffuses, qui sont des suintements d'eau et de gaz dissous dont la température varie de 3 à 50°C. Les métaux et sulfures y sont présents en très faibles concentrations

❖ Les fumeurs blancs (ou fumeurs gris), qui sont des sources hydrothermales en cheminée, qui rejettent du sulfate de calcium à des températures variant entre 200 et 300°C

❖ Les fumeurs noirs, qui ont une structure en cheminée, mais rejettent des sulfures métalliques, et ce à des températures comprises entre 300 et 400°C sur l'axe des dorsales.

La formation d'une cheminée hydrothermale se déroule en plusieurs étapes (Galley et al., 2007) : Dans un premier temps, à l'émission, une matrice poreuse de barytine ($BaSO_4$) et d'anhydrite ($CaSO_4$) se forme à partir des ions sulfates de l'eau de mer, exempts dans le fluide hydrothermal. L'édifice croît verticalement en s'enrichissant par l'extérieur de dépôts métalliques sulfureux (fer, cuivre et zinc). Après, ce dépôt entraine le colmatage des matrices poreuses initiales et une «frontière» physique entre le fluide et l'eau environnante se forme.

En deuxième temps, la «fermeture» latérale de la source provoque une augmentation de la température au cœur de la cheminée. Des sulfures de fer de cuivre précipitent à l'intérieur de la cheminée pour former le conduit central. Progressivement, la structure croît latéralement avec le remplacement de l'anhydrite par des sulfures, plus stables dans les nouvelles conditions de température de la cheminée; les minéraux s'organisent en structures concentriques (Figure II.7).

Enfin, lors de la vie du fumeur, le chemin emprunté par le fluide hydrothermal peut varier, utilisant une multitude de cavités et de canaux. Cette multiplicité peut conduire à la formation d'extensions latérales (Figure II.8). Les dimensions d'un fumeur varient entre 70 et 100 m de hauteur pour un diamètre à la base de 25 à 100 m.

Les structures évoluent au cours du temps et les fumeurs sont éphémères : ils peuvent durer de 10 à 100 ans, bien que des fumeurs plus jeunes (entre 1 et 5 ans) peuvent exister sur des zones très actives. Elles peuvent en effet s'écrouler, ou le conduit peut se colmater par précipitation des minéraux. La zone active le long de la dorsale peut se déplacer et entraîner la formation de nouveaux fumeurs et la disparition des anciens.

Les sédiments hydrothermaux sont le résultat de la formation de cheminées qui libèrent des particules dans la mer jusqu'à quelques kilomètres de l'évent hydrothermal. Ceux-ci correspondent à un niveau stratigraphique équivalent à la lentille de sulfures. Ces sédiments contiennent une proportion variable de cendres volcaniques enrichies en métaux (Cu, Zn)

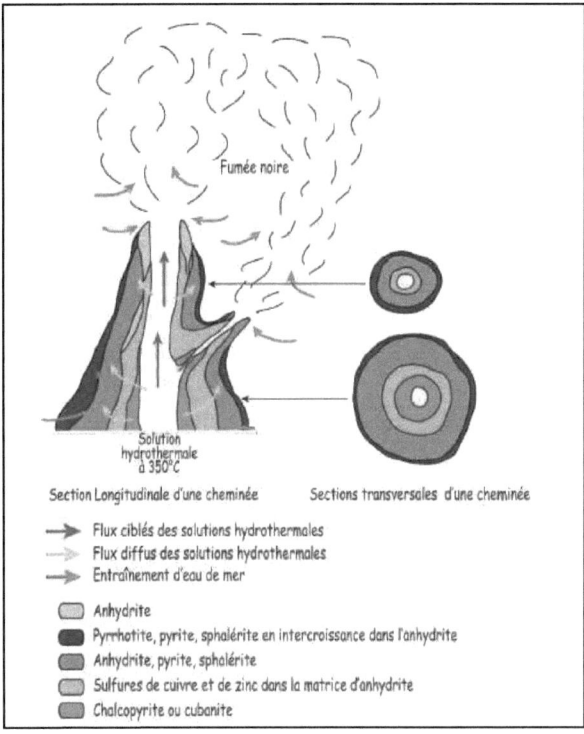

Figure II.7: Caractéristiques typiques d'une cheminée hydrothermale d'un VMS (Haymon et Kastner, 1981; Haymon, 1983; Lydon, 1984, 1988).

II.4.3. Gîtologie des amas sulfurés au Maroc

Au Maroc, les gisements de type amas sulfurés fournissent la quasi-totalité de la production de cuivre et plus que la moitié de la production de zinc (Azza et al. 1995). En 1992, la production marocaine des amas sulfurés était de 11 000 tonnes métal de cuivre, 13 000 tonnes de zinc et 3 000 tonnes de plomb, représentant respectivement 91%, 59% et 4% de la production nationales (DM, 1992).

Les amas sulfurés se forment généralement en bordures des plaques lithosphériques ou dans des zones de divergence des plaques associées à un complexe ophiolitique (Chypre). Ils peuvent aussi se former dans des zones de convergence des plaques lithosphériques, dans des arcs insulaires et marges continentales (kuroko, hajar, etc.).

Les gisements de type amas sulfurés peuvent être classés en deux grands groupes selon leur contexte géologique régional (Pouit, 1984) (Tableau II.6).

Types de gisements	Environnements géologiques	Exemples dans le monde	Exemples au Maroc
Amas volcano-sédimentaires	Roches volcaniques sous-marines	Kuroko au Japon, Chypre, la ceinture sud Ibérique en Espagne, etc.	La ceinture de Bou Azzer El grara, le gisement de Bleida et la province des Jebilet et Guemassa, les gisements de Hajar, Draa Sfar et Kettara.
Exhalatifs sédimentaires (SEDEX)	Essentiellement sédimentaires (Schistes noirs, etc.)	Broken Hill, Sullivan, etc.	Une partie des minéralisations d'Imiter

Tableau II.6 : Typologie des amas sulfurés (d'après Hmeurras, 1997).

La paragenèse principale des gisements de type amas sulfurés est constitué de pyrite, pyrrhotine, chalcopyrite, sphalérite, galène, bornite, magnétite, hématite, et cassitérite. La gangue se compose de quartz, de chlorite, barytine, gypse et des carbonates.

La texture du stockwerk est massive et/ou bréchique dans les parties centrales de l'amas et rubanée au sommet et dans les parties latérales.

Les altérations hydrothermales et supergènes des amas sulfurés se manifestent par une chloritisation du stockwerk et du mur de l'amas et une séricitisation de leur toit (Figure II.8).

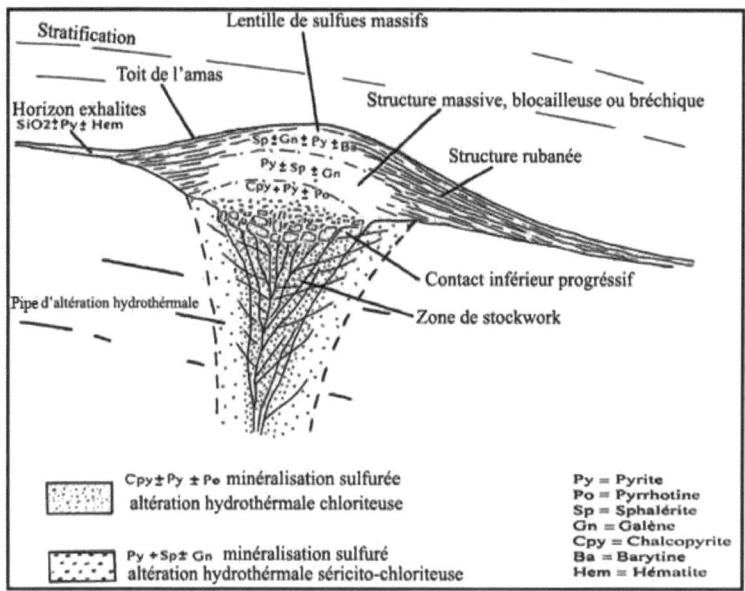

Figure II.8: Coupe hypothétique dans un amas sulfuré (Lydon, 1984).

L'oxydation météorique des amas sulfurés conduit à la caractérisation de deux zones d'altération au-dessus du minerai qui sont la zone d'oxydation qui se matérialise par des chapeaux de fer, la zone de cémentation formée par le redépôt d'une partie des éléments métalliques lessivés de la zone d'oxydation et le Protore. Plusieurs classifications des amas sulfurés ont été proposées par Silitoe (1973), Sawkins (1976).

II.4.4. Gîtologie de la mine de Kettara

Selon Huvelin (1977), l'amas sulfuré de Kettara correspond à des lentilles concordantes à la minéralisation sulfurée complexe, en raison des pièges sédimentaires et structuraux et en fonction des paramètres physico-chimiques et des solutions hydrothermales. La structure minéralisée s'étend sur environ 1500 m, suivant une direction N30, nettement sécante sur la stratification. Elle est de puissance variable de 0,5 à 70m et s'enracine sur plus de 500m. Les corps minéralisés, sub-verticaux et indépendants de l'encaissant, montrent trois zones qui se distinguent par leur épaisseur, leurs paragenèses minérales et l'altération qui les affecte. Ce sont les zones classiques d'oxydation (50m), de cémentation (5 à 10m) et de stagnation ou protore (plus de 500m) (Figure II.9).

La première zone est riche en oxydes de fer, malachite, azurite et chalcanthite, la seconde est riche en chalcopyrite, chalcosine, covelline et pyrite secondaire. Le protore renferme de la pyrrhotite, pyrite, marcassite, galène, blende, mispickel et magnétite.

La pyrrhotine, minéral primaire dans le gisement est massive avec des inclusions de chalcopyrite. On y rencontre accessoirement de la pyrite surtout au voisinage des pentes avec une augmentation locale de la teneur en cuivre. Cette pyrrhotine, est en fait finement cristallisée. Elle est disposée en grains dont les dimensions varient généralement de 3/100 à 10/100° mm. Sa couleur est gris foncé métallique quand elle est fraîche et vire à une couleur gris-ocre une fois oxydée (Huvelin, 1977; DM, 1990).

L'altération hydrothermale caractérisant la minéralisation de Kettara, est matérialisée sur le terrain par le développement de la séricite et de produits blanchâtres pulvérulents qui jalonnent le corps minéralisé sur toute son extension. En profondeur, c'est une altération à chlorite et séricite avec existence d'un réticulum siliceux centimétrique plissé aux épontes de l'amas (Fournier et al., 1987).

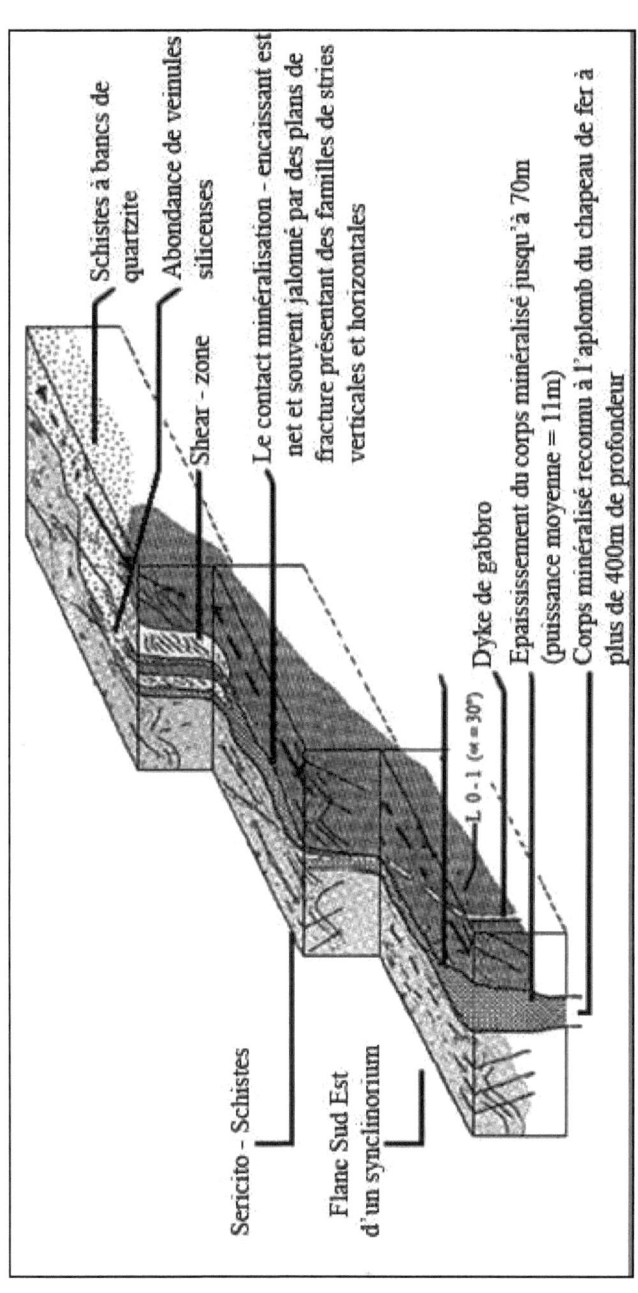

Figure II.9 : Bloc diagramme simplifié du corps minéralisé de Kettara (Fournier et al. 1987).

Schistes à bancs de quartzite

Abondance de veinules siliceuses

Shear - zone

Le contact minéralisation - encaissant est net et souvent jalonné par des plans de fracture présentant des familles de stries verticales et horizontales

Dyke de gabbro

Epaississement du corps minéralisé jusqu'à 70m (puissance moyenne = 11m)

Corps minéralisé reconnu à l'aplomb du chapeau de fer à plus de 400m de profondeur

Séricito - Schistes

Flanc Sud Est d'un synclinorium

L 0 - 1 (∝ = 30°)

71

II.5. Conclusion

L'amas sulfuré de Kettara est caractérisé par une minéralisation dominée par la présence de la pyrrhotite et il est appauvri en métaux de base.

Le minerai principal de Kettara est constitué de pyrrhotite. D'autres paragenèses sulfurées coexistent avec la pyrrhotite, en l'occurrence la pyrite, la marcassite, la chalcopyrite, la galène, le mispickel et la magnétite qui passe vers le toit de l'amas à des oxydes de fer.

Les principales caractéristiques gîtologiques de l'amas sulfuré de Kettara peuvent être résumés comme suit :

- La position stratigraphique au dessus du volcanisme acide du membre supérieur de la série du Sarhlef et en dessous de la série du Teksim.

- Le corps minéralisé est subvertical et sécant à la stratification.

- La minéralisation présente des structures primaires témoignant de sa contemporanéité avec la sédimentation, cependant le contrôle structural joue un rôle important dans le positionnement du corps minéralisé.

- Le développement d'une altération hydrothermale importante à séricite, chlorite et silice, qui accompagne la mise en place de l'amas.

PARTIE III : PRESENTATION ET CARACTERISATION DES MATERIAUX INITIAUX

La troisième partie de ce travail sera consacrée à la démarche adoptée pour l'étude des matériaux au laboratoire ainsi que les outils analytiques utilisés. Cette partie comportera par la suite les différents résultats analytiques ainsi que les propriétés physiques, chimiques et minéralogiques des résidus miniers, des cendres volantes et des poussières de four de cimenterie.

CHAPITRE I : MATERIAUX ET METHODES UTILISEES

I.1. Matériaux objet d'étude

I.1.1. Résidus miniers (TK) et eaux de puits de Kettara

Afin de caractériser les résidus miniers utilisés, une dizaine d'échantillons ont été prélevés au niveau du parc à résidus et dans la halde à stériles de la mine de Kettara (Figure III.1). Huit échantillons (Tk$_1$ à Tk$_8$) réparties sur l'ensemble du parc à résidus ont fait l'objet d'étude (Figure III.1) (Photo III.1). Les trois échantillons Tk$_1$, Tk$_2$ et Tk$_3$ sont des résidus fins. Les résidus grossiers proximaux sont représentés par les échantillons (Tk$_6$, Tk$_7$ et Tk$_8$), ceux en position distale sont (Tk$_4$ et Tk$_5$). Deux échantillons d'eaux de puits (Ep$_1$ (238388, 145566); Ep$_2$ (238370, 145574)) situés à environ 800 m de l'usine (Nfissi et al., 2011) (Annexe III.1) ont été prélevés pour déterminer leur composition et notamment leur concentration en métaux lourds.

Tous les échantillons ont été prélevés dans des endroits représentatifs de toutes les zones de stockage afin de mieux cerner leur variabilité. En effet, les résidus miniers peuvent être hautement hétérogènes puis que les différents matériaux sont déposés à différentes étapes de la vie de la mine.

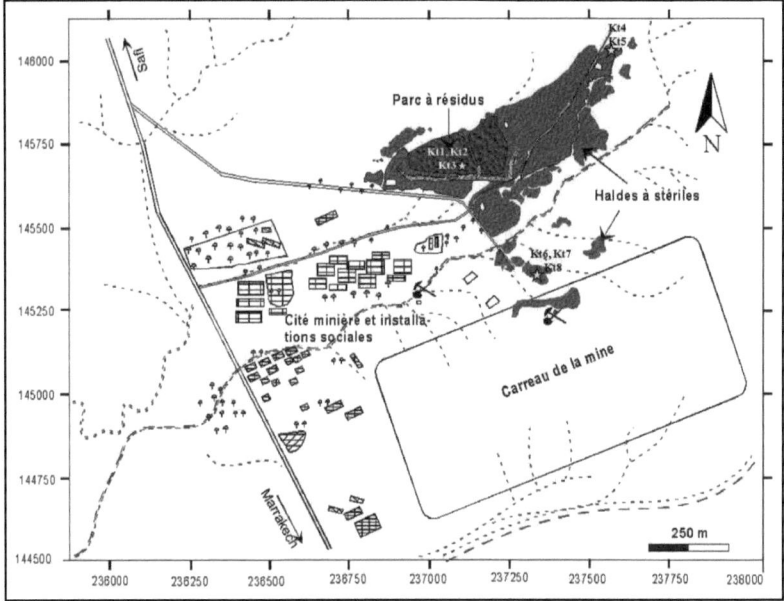

Figure III.1: Vue d'ensemble de la mine de Kettara et localisation des échantillons prélevés (Hakkou et al., 2006).

74

Photo III.1: A) Photo illustrant la proximité du village de la zone de résidus miniers, B) Les résidus grossiers et C) Bassin de résidus fins (Lghoul et al., 2012a).

I.1.2. Poussières de four de cimenterie (CKD) de Lafarge

Les poussières utilisées dans le cadre de cette étude proviennent de la cimenterie Lafarge de Bouskoura près de la ville de Casablanca (Figure III.2).

Lafarge Maroc est présente au Maroc depuis 1913. C'est le premier cimentier marocain avec une capacité globale de production de 5,4 millions de tonnes par an et une part du marché de 40,8% en 2005 (BMCI, 2007). Elle exploite 4 unités de production situées à Bouskoura, Meknès, Tanger et Tétouan.

L'usine Lafarge de Bouskoura (Région de Casablanca) est la plus importante unité de production dans le pays en termes de capacité. C'est aussi la seule usine disposant d'un atelier de broyage et d'ensachage du ciment blanc au Maroc. La capacité de l'usine est passée de 2.000.000 de tonnes de ciments par an en 2004, à 3.000.000 de tonnes par an en 2006 grâce à l'extension de la seconde ligne de production.

Les poussières de four de cimenteries (CKD), produites lors de la fabrication du ciment portland, sont des résidus industriels récupérés par les filtres électrostatiques lors de la fabrication du clinker qui est un produit intermédiaire résultant de la combustion de matière première dans la fabrication du ciment Portland. Elles sont dotées d'un potentiel de neutralisation très élevé par

75

libération très rapide de fortes concentrations en alcalins et en sulfates (Doye, 2005). Les CKD sont très riches en alcalins (Na et K), en chlorures et en sulfates (Rhouzlane, 1997). Ces conditions permettent la précipitation des minéraux secondaires ''réservoirs'' tels que l'ettringite, le C-S-H et le gypse capables de piéger et stabiliser les métaux lourds (Duchesne et Reardon, 1998). Elles réduisent plus efficacement l'acidité que la pierre calcaire broyée, vraisemblablement en raison de la finesse des grains et la plus grande réactivité de la chaux (CaO) qu'elles contiennent.

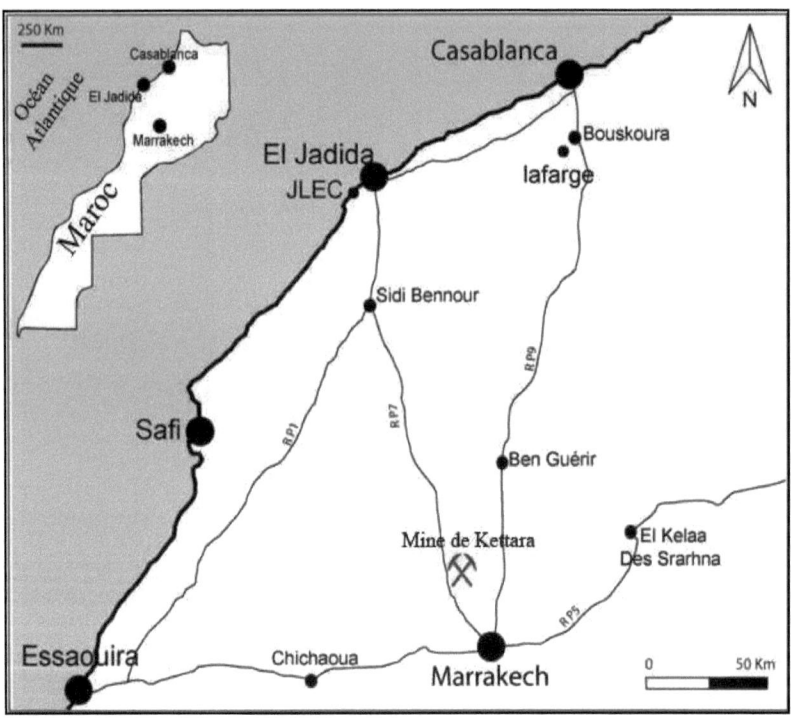

Figure III.2: Carte simplifiée montrant l'emplacement de la JLEC et la cimenterie Lafarge par rapport à la mine de Kettara.

I.1.3. Cendres volantes (FA) de la JLEC

Les cendres volantes (FA) sont issues des centrales thermiques. Elles résultent d'une longue arborescence typique des procédés et des propriétés complexes (Figure III.3) (Adamiec et al.,

76

2005). Ces cendres sont de deux types : Type F qui proviennent de la combustion du charbon bitumineux et type C produites à partir de lignite ou de charbons sub-bitumineux. Les FA résultant de la combustion du charbon bitumineux sont caractérisées par leur faible teneur en CaO.

Le fort potentiel de neutralisation des cendres volantes et leur grande capacité de réduire la dissolution de certains métaux lourds contenus dans les résidus miniers sont actuellement prouvés (Yeheyis et al., 2009).

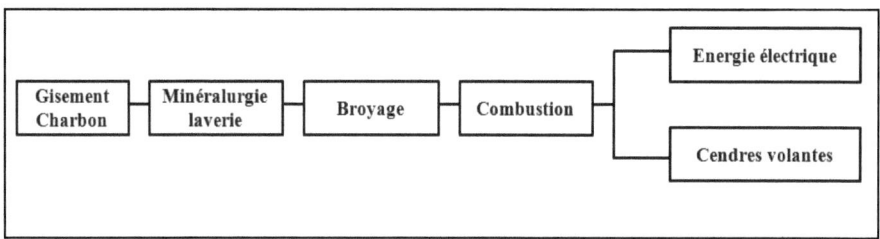

Figure III.3: Procédés de traitement du charbon conduisant à la formation de cendres volantes (Adamiec et al., 2005).

Les cendres volantes utilisées dans ce projet sont issues de la combustion du charbon de la centrale thermique de Jorf Lasfar (JLEC) près de la ville d'El Jadida (Figure III.2 et Annexe III.2). Cette centrale thermique dont l'activité a démarrée en 1997, est située à une distance de 17Km de la ville d'El Jadida sur la route qui mène à El Oualidia. Elle comporte quatre unités et produit plus de 60% en besoins électriques du royaume. Le combustible principalement utilisé dans cette centrale est le charbon importé généralement d'Amérique, de l'Afrique du sud, de la Colombie et de la Russie. Elle présente l'un des grands projets élaborés au Maroc avec un investissement de 1,5 Milliard de dollars (El moudni El alami, 2005). Le fonctionnement de la centrale thermique est classique : Le charbon pulvérisé est introduit dans la chaudière où il subit la combustion à une température dépassant les 1200 °C. L'énergie ainsi récupérée est exploitée pour chauffer l'eau et le transformer en une vapeur de température 540 °C, sous une pression de 180 bars. La vapeur produite, par chauffage de l'eau, se détend et entraîne la rotation d'une bobine induisant un champ magnétique en rotation et engendre ainsi un courant électrique. La combustion du charbon produit, en plus de l'électricité, des résidus solides (Cendres volantes et mâchefers) et des rejets gazeux. La production annuelle en cendres volantes s'élève à plus de 400 000 tonnes (EL moudni El alami et al., 2010).

Les cendres volantes et les mâchefers qui les excèdent en volume sont tous recueillis au fond de la chaudière. Les sous-produits de mauvaise qualité sont stockés dans un site de stockage aménagé suivant les normes internationales dans une carrière située à quelques kilomètres de la centrale thermique (Annexe III.2). Ce site est conçu en mettant en place une géomembrane sur laquelle sont déposées les cendres et les mâchefers. Cette membrane est protégée par un matériau géotextile pour empêcher l'envol par les vents et la contamination des sols avoisinants. Quand la cellule de stockage est pleine, elle est recouverte par une autre membrane de manière à limiter les infiltrations des eaux pluviales vers la nappe phréatique. Pour une bonne consolidation du sol et une meilleure intégration dans le paysage, cette même couverture est recouverte de terre agricole sur laquelle on implante un tapis végétal (El moudni El alami, 2005).

I.2. Méthodes d'étude

I.2.1. Méthodologie proposée dans ce projet

Dans le but d'évaluer la capacité des FA et CDK dans l'atténuation du phénomène du DMA de la mine de Kettara nous avons adopté dans ce travail une démarche reposant sur une simulation expérimentale en colonnes au laboratoire et une implantation du procédé en cellules expérimentales sur le terrain (Figure III.4).

Les grands axes du projet représentés dans l'organigramme ci-dessous comportent :

1. Une synthèse bibliographique indispensable et décisive pour l'ensemble du projet.

2. Des compagnes de prélèvement des échantillons comportant les résidus miniers de Kettara d'une part et les poussières de four de cimenterie et les cendres volantes de la centrale thermique d'autre part.

3. Une caractérisation physico-chimique et minéralogique des résidus miniers, des cendres volantes et des poussières de four de cimenterie par le biais de différentes techniques analytiques. Cette étape primordiale permet d'évaluer la capacité de production du DMA des résidus miniers, leur impact environnemental et le pouvoir de neutralisation des différents sous-produits utilisés.

4. Essais cinétiques préliminaires permettant de quantifier les proportions des différents amendements nécessaires pour un meilleur contrôle du phénomène du DMA.

5. Essais cinétiques en colonnes pour optimiser les conditions d'amendement et/ou de couvertures par le mélange des poussières de four de cimenterie et des cendres volantes.

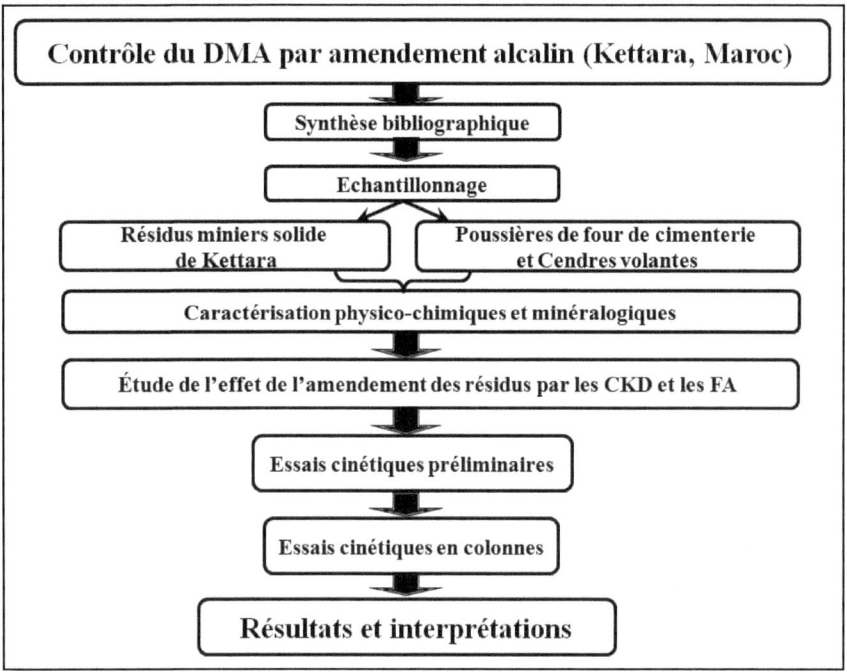

Figure III.4: Organigramme de la méthodologie choisie au cours de cette étude.

I.2.2. Méthodes analytiques

I.2.2.1. Mesure du pH et de la conductivité électrique des matériaux initiaux

Le pH-Eh et la conductivité électrique des eaux de puits et des lixiviats des résidus de Kettara ont été mesuré à l'aide d'un pH-mètre type (HANNA pH209) et d'un conductimètre type (HANNA) à 25°C.

Le pH des amendements alcalins (CKD et FA) ont été déterminée à l'aide d'un pH-mètre type pH/Ion 510, Bench pH meter, la conductivité fut mesurée par un conductivitémètre type con510, Bench conductivity.

Le protocole de préparation du lixiviat consiste à mélanger 150g de résidus miniers à 300 ml (Rapport 1/2) d'eau distillée. La solution ainsi obtenue est placée sur un agitateur. Après une semaine, on procéde à la filtration puis aux mesures du pH, du Eh et de la conductivité.

I.2.2.2. Analyses granulométrique et hydraulique au laboratoire

La granulométrie par tamisage des matériaux étudiés a été déterminée à l'aide d'une série de tamis type Retsh, à fin de déterminer la fraction dominante dans les résidus miniers et leur perméabilité. En ce qui concerne la perméabilité des matériaux étudiés, elle a été calculée grâce à la loi de Darcy, qui relie le débit Q à la perméabilité k via le gradient hydraulique, la surface A et l'intervalle de temps considéré.

$$Q = K*A*i$$

Q : Débit (m/s), K : Conductivité hydraulique, A : Surface traversée par le fluide (m^2) **et i** : Gradient hydraulique (i= (h1-h2)/l).

Le coefficient de perméabilité a été mesuré par la méthode du perméamètre à charge constante.

I.2.2.3. Dosage des carbonates

La présence de la calcite permet de neutraliser le milieu à mesure que le drainage minier acide se produise, le pourcentage des carbonates des différents échantillons a été déterminé par calcimétrie (Calcimètre de Bernard) au laboratoire des Géoressources Sédimentaires et Environnement à la faculté des Sciences Ben M'sik de Casablanca.

Le soufre total et le carbone des matériaux industriels (CKD et FA) ont été dosés par un appareil ELTRA CS 800 (Carbon/Sulfur Determinator) au laboratoire de l'équipe de Chimie des Matériaux et de l'Environnement, Faculté des Science et Technique de Marrakech.

I.2.2.4. Analyses par infrarouge (IR)

L'analyse du spectre du rayonnement réfléchi (d'absorption ou de diffusion) indique les groupements fonctionnels présents dans l'échantillon et permet l'identification du minéral. La spectrométrie infrarouge à transformée de Fourrier (FTIR) utilise un rayon incident infrarouge. L'inconvénient majeur de cette méthode est le manque de bases de données des spectres de références pour les minéraux. Le spectromètre infrarouge utilisé est de type Bruker Tensor 27 du centre d'analyse et de recherche de la Faculté des Sciences Ben M'sik.

I.2.2.5. Spectrométrie d'émission plasma (ICP)

Le dosage des éléments chimiques (As, Cd, Co, Cr, Cu, Mn, Ni, Pb, Zn, Fe) des résidus miniers de Kettara a été effectué par spectrométrie d'émission atomique avec plasma couplé inductivement (Inductively coupled plasma : ICP) au Centre National de Recherche Scientifique et Technique de Rabat, c'est un appareillage de type Jabin Yvan ULTIMA2 selon la norme EN 038-v02.

La caractérisation des amendements alcalins (Al, Ca, Ti, Fe, Mg, Ba, Cu, Co, Cr, Mn, Mo, Ni, Pb, Cd, Zn ...) par ICP s'est déroulé à l'Unité de Recherche et de Service en Technologie Minérale de l'Abitibi-Témiscamingue au Canada. Les échantillons sont soumis préalablement à une digestion complète par ajout d'acide nitrique concentré (HNO_3).

I.2.2.6. Spectromètrie de Fluorescence X (FX)

La caractérisation chimique des échantillons par FX a été effectuée à l'aide d'un spectrométre à Fluorescence X type (AXIO-PANalytical) selon la norme EN 033-v02 au sein du laboratoire des analyses élémentaires et structurales au Centre National de Recherche Scientifique et Technique (CNRST) à Rabat.

I.2.2.7. Diffraction des Rayons X (DRX)

Les phases minéralogiques des résidus miniers ont été identifiées à l'aide d'un diffractomètre type XPert Pro – PANalytical selon la norme EN 034-v02 au laboratoire des analyses élémentaires et structurales au sein du CNRST à Rabat. Ce diffractomètre pour poudre est équipé d'un tube à rayon X, d'un détecteur, d'un passeur d'échantillons (15 places) et une anti-cathode Cu.

La minéralogie quantitative des sous produits industriels (CKD et FA) fut établie au sein de l'Unité de recherche et de service en technologie minérale (URSTM) au Canada.

I.2.2.8. Microscopie électronique à balayage couplé à l'analyse chimique (MEB)

Les observations au microscope électronique à balayage (MEB) ont été réalisées au Centre National de Recherche Scientifique et Technique de Rabat et à l'Unité de recherche et de service en technologie minérale (URSTM) à Canada.

Le MEB du CNRST, équipé d'un système complet de microanalyse-X (détecteur EDX-EDAX), nous a permis d'identifier la minéralogie ainsi que la morphologie des CKD et des FA. Ce microscope électronique à balayage permet l'observation à haute résolution dans des conditions environnementales (mode ESEM) avec une pression de gaz dans la chambre pouvant aller jusqu'à 26 mbar et il permet aussi de donner la composition chimique de l'échantillon avec une limite de détection allant jusqu'au Bore.

I.2.2.9. Analyse thermogravimétrique (ATG)

L'analyse thermogravimétrie (ATG) consiste à mesurer les changements de masse de l'échantillon. Les changements dans l'échantillon peuvent résulter de phénomènes de décomposition (carbonates), de volatilisation (perte d'eau), d'oxydation et autres. Ces techniques permettent l'identification et la quantification des phases minérales après interprétation des phénomènes endothermiques, exothermiques et changement de masses enregistrés à des températures caractéristiques.

Cette technique fut réalisée à l'aide d'un appareil SDT-Q600 de TA instruments dans les laboratoires de l'Université du Québec en Abitibi-Témiscamingue (Canada) selon le mode opératoire ci-dessous :

- 15 mg (±1mg) de matériaux placé sous atmosphère d'azote.

- Stabilisation de la masse à 70°C

- Stabilisation de la masse à 50°C (ces deux premières étapes sont destinées à éliminer l'éventuelle humidité relative)

- Lancement de l'acquisition

- Montée en température jusqu'à 1000°C à une vitesse de 20°C/min

I.2.2.10. Essais statiques

Le test statique le plus couramment utilisé afin de prédire le potentiel de production d'acide est la méthode standard (Acid-Base Accounting) ABA) développée par Smith et al. (1974) et modifiée par différents auteurs (Sobek, 1978; Lawrence et Wang, 1997; Bouzahzah et al., 2013). Ce test mesure la différence entre la production d'acidité (PA) et le potentiel de neutralisation (PN) des échantillons. Cette valeur nommée le pouvoir net de neutralisation (PNN=PN-PA). Le PA et le PN sont exprimés en kg équivalent $CaCO_3$/t.

L'essai statique est un essai qualitatif qui permet dans un temps très court et avec un faible coût de statuer sur la nature génératrice ou non d'acidité des résidus miniers et donc sur leur risque potentiel pour l'environnement (Lappako et Lawrence, 1993; Plante, 2004; García et al., 2005). Généralement, les valeurs de PNN<-20kg$CaCO_3$/t indiquent un matériau produisant de l'acide, tandis que les matériaux à PNN> 20kg$CaCO_3$/t sont considérés comme consommateur d'acide. Cependant, il existe une zone d'incertitude pour cette technique entre 20> PNN> -20 kg$CaCO_3$/t (Miller et al., 1991; Ferguson et Morin , 1991).

Un autre outil utile pour évaluer le potentiel de production du DMA à partir des résultats de l'essai statique est le rapport PN /PA. En règle générale, les matériaux sont considérés non générateurs d'acide si PN/PA>2,5, quand le rapport PN/PA<1 ils sont alors générateurs d'acide (Adam et al., 1997). Les matériaux dont le rapport 1<PN/PA<2,5 sont dans une zone d'incertitude.

Le potentiel de neutralisation (PN) des échantillons utilisés est déterminé par une digestion à l'acide chlorhydrique (1N). La méthode test acide-base utilisée se déroule en plusieurs étapes :

1. Peser 1g de l'échantillon
2. Ajouter 50ml de l'eau déionisée
3. Ajouter 20ml de HCl (1N)
4. Effectuer une agitation permanente pendant une semaine
5. Après une semaine, nous procédons à une filtration de la solution étudiée, le mélange doit avoir un pH situé entre 0,9 et 1,5
6. Effectuer une une titration par le NaOH (0,1 N) jusqu'à un pH de 5
7. Ajouter 5ml de H_2O_2 (30%) (sans dilution)
8. Laisser l'échantillon reposer pendant une heure (sans agitation)
9. Réaliser une titration avec NaOH (0,1 N) jusqu'à un pH de 7, cette étape consiste à ajouter un volume de NaOH et laisser reposer l'échantillon pendant 10 min puis on mesure le pH, cette étape peut durer 1 à 2 heures jusqu'à stabilisation du pH
10. Arrêter pendant une nuit
11. Mesurer de nouveau le pH, puis poursuivre la titration avec le NaOH (0,1 N) jusqu'à un pH de 7
12. Ajout de 0,5 ml ou 8 goutes de H_2O_2 (30%), on laisse reposer la solution pendant 15 minutes (sans agitation)
13. Vérifier le pH en cas de baisse, on ajoute le NaOH (0,1 N) jusqu'à stabilisation à 7
14. Refaire les étapes 12 et 13 pour que le pH stabilise à 7
15. Refaire les étapes de 10 à 14, si nécessaire
16. Mesurer le volume total de NaOH pour calculer le PN

Le potentiel net (PN) se calcule de la manière suivante :

$$\textbf{PN (Kg CaCO}_3\textbf{/t) = [(N}_{HCl} \times V_{HCl}) - (N_{NaOH} \times V_{NaOH})] \times 50/M$$

PN : Potentiel de neutralisation en (kg $CaCO_3$/t),

N_{HCl} et N_{NaOH} est respectivement la normalité de HCl et NaOH,

V_{HCl} et V_{NaOH} est respectivement le volume (ml) de HCl et NaOH,

M : Masse de l'échantillon en (g).

La mesure du potentiel d'acidité (PA) est basée sur la quantité du soufre des sulfures contenue dans l'échantillon, il a été mesuré à l'aide de l'appareil ELTRA CS 800 (Carbon/Sulfur Determinator). Le PA est calculé par la formule suivante :

$$\textbf{PA (Kg CaCO}_3\textbf{/t) =\%S}_{sulfure} \textbf{ x 31,25}$$

CHAPITRE II : CARACTERISATION DES MATERIAUX ETUDIES

II.1. Propriétés physico-chimiques et minéralogiques des résidus miniers de Kettara

II.1.1. Mesure du pH des résidus miniers et des eaux de puits de la mine de Kettara

Le pH joue un rôle très important dans la mobilité des métaux. Un pH acide entraîne la mise en solution de sels métalliques et des phases de rétention. Il provoque aussi la désorption des cations et l'adsorption des anions (Lions, 2004). Les pH bas auront un effet sur la solubilité d'un certain nombre de métaux lourds (As, Zn, Cu, Co, Pb…) qui proviendraient des minéraux primaires contenus dans les rejets miniers. Ces métaux constituent une menace pour les ressources hydriques, la faune et la flore de la région.

La lixiviation d'une semaine avec une agitation permanente des résidus miniers de Kettara engendre un précipité de couleur rouge brique très acide. Les valeurs mesurées du pH varient entre 1,5 et 2,9 (Tableau III.1). Ce pH bas entraîne une grande solubilité et donc une concentration assez forte en métaux lourds (Hakkou et al., 2008a et Nfissi et al., 2011). Les pH acides des résidus sont similaires à ceux produit lors du test en cellules humides effectuées sur les déchets miniers de Kettara (Hakkou et al. 2008b) et aux eaux de ruissellement prélevés in situ (Photo II.1) (Ouakibi et al. 2013).

Echantillons	pH
LTk$_1$	2,84
LTk$_2$	2,27
LTk$_3$	1,65
LTk$_4$	2,65
LTk$_5$	2,68
LTk$_6$	1,88
LTk$_7$	2,18
LTk$_8$	2

Tableau III.1: Valeurs du pH des lixiviats des TK.

Le secteur de Kettara, de par sa nature géologique est le siège d'une nappe phréatique dont l'écoulement s'effectue du NE vers le SW.

Le pH des eaux des deux puits échantillonnées sont neutres à légèrement basique et la conductivité électrique est assez faible (Tableau III.2), traduisant une concentration minime en sels minéraux dissous (Annexe III.3). L'acidité des eaux de puits peut être partiellement neutralisée suite à la dissolution des carbonates tels que la calcite et la dolomite, ce qui expliquait les teneurs notables en Ca^{2+} et Mg^{2+} (Lghoul et al., 2013).

Echantillons	pH	Conductivité (μs/cm)
Ep$_1$	7,97	380
Ep$_2$	7,61	390

Tableau III.2: Valeurs du pH et de la conductivité des eaux de puits de Kettara.

II.1.2. Analyses granulométrique et hydraulique au laboratoire

L'analyse granulométrique des différents échantillons prélevés a montré que ces résidus ont une texture grossière (Nfissi et al., 2011). Les tests de perméabilité sur huit échantillons ont fourni coefficient de perméabilité compris entre $4,9.10^{-2}$ cm/s et $1,1.10^{-1}$ cm/s ce qui permet de les classer dans l'intervalle des matériaux parfaitement perméables (Tableau III.3).

Le diagramme III.5 de corrélation entre texture et perméabilité du sol montre que ces résidus se repartissent dans l'intervalle de sable limoneux ou de limons sablonneux. Cette texture grossière joue en faveur d'un bon drainage et d'une oxydation très poussée.

En raison de leur grande taille, ces particules facilitent l'accès de l'oxygène et par conséquence l'oxydation des sulfures (Lefebvre et al., 2001).

Echantillons	Coefficient de Perméabilité (cm/s)
Imperméable	$\leq 6*10^{-5}$
Peu perméable	$> 6*10^{-5}$
	$\leq 2*10^{-4}$
Perméable	$> 2*10^{-4}$
	$\leq 4*10^{-3}$
Très perméable	$> 4*10^{-3}$

Tableau III.3 : Délimitation des classes de perméabilité selon le coefficient de perméabilité (G.Q., 2002).

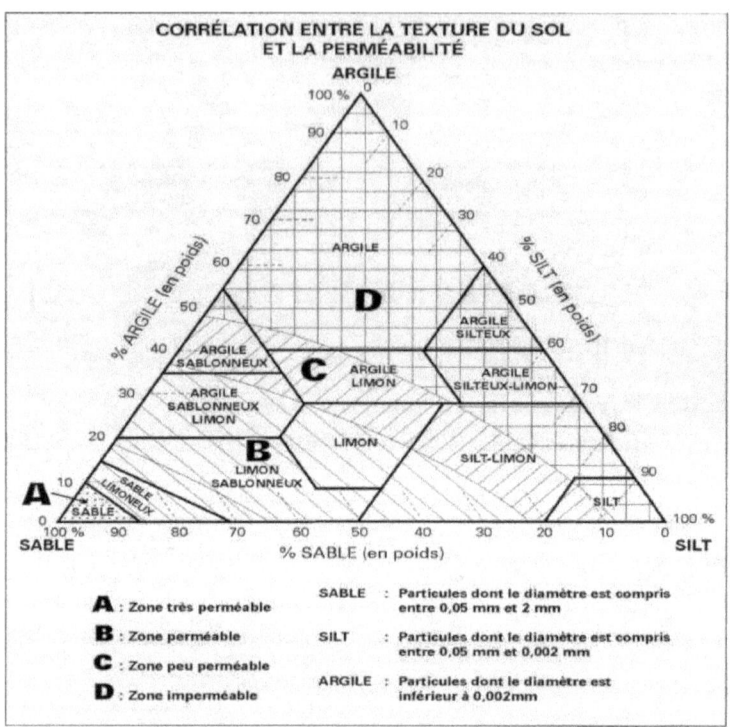

Figure III.5: Corrélation entre la texture du sol et la perméabilité (G.Q., 2002).

II.1.3. Dosage des carbonates

Le pourcentage des carbonates de résidus de Kettara, déterminé par le calcimétre de Bernard, varie de 2 à 4%. Etant donnée leur faible pourcentage, les carbonates de ces résidus miniers n'agiront que très peu sur la neutralisation du milieu.

II.1.4. Spectrométrie d'émission plasma (ICP)

Les résultats de l'analyse chimique par ICP des résidus solides révèlent des teneurs faibles en Cd et une absence d'Hg. Le Ba, B, Ti, et P sont en dessous de la limite de détection (Hakkou et al. 2008a).

Les résidus proximaux de la mine de Kettara présentent la plus forte teneur en Pb (158,5 ppm), As (327,9 ppm) et Co (64,2 ppm). Ces résidus révèlent des teneurs en Cr plus faible par rapport aux autres résidus (14.3 ppm) (Tableau III.4). Les plus fortes teneurs en Mn (670,3 ppm), Zn (258,1 ppm), Cu (3473,6 ppm) et Cr (53,6 ppm) sont enregistrées dans les résidus grossiers

86

distaux, ces derniers sont caractérisés par une faible teneur en Ni (6,9 ppm). Les résidus fins relèvent des teneurs en As (31,1 ppm), Co (4,4 ppm), Pb (38,3 ppm) plus faible par rapport aux autres résidus. Le fer, qui pourrait être associé à la pyrrhotite et à la pyrite, est présent dans les résidus solides de la mine de Kettara en quantités relativement élevées (133420 ppm), les plus fortes teneurs en Fe sont enregistrées dans les échantillons proximaux et distaux.

Les travaux antérieurs de Hakkou et al. (2008a) ont montré la présence de Mg, de Ca, de Na et de K, et renferment également une proportion importante en Si et Al indiquant la présence d'une gangue de phyllosilicates.

	As	Co	Cr	Cu	Mn	Ni	Pb	Zn	Cd	Fe
Tk_1	165	39,6	44,9	2721,7	375,8	95,4	53,1	139,8	<0,2	132210
Tk_2	88,1	26,6	33,6	1257	406,6	28,1	38,3	130,7	<0,2	87240
Tk_3	31,1	4,4	27,2	175,7	74,4	22,9	50,3	40,8	<0,2	24760
Tk_4	268,1	36	43	3473,6	670,3	6,9	90,7	258,1	<0,2	102510
Tk_5	275,5	62,7	53,6	3258,9	467,6	7,8	101,6	216,8	<0,2	119800
Tk_6	327,9	18,6	14,3	774,3	106,4	53,9	131,5	69,3	<0,2	133420
Tk_7	263,1	64,2	20,7	1457,7	163,9	45,1	158,5	151,1	<0,2	113000
Tk_8	210	44,3	20,5	1145,3	78.7	14,6	145,2	90,7	<0,2	77630

Tableau III.4 : Teneurs en métaux lourds (ppm) des résidus solides de Kettara.

Généralement les lixiviats des résidus miniers de Kettara se distinguent par une faible teneur en Cd et la teneur en Hg est en dessous de la limite de détection (Tableau III.5). Les plus fortes teneurs en Co (14,3 ppm), Zn (26,8 ppm), Cu (328,1 ppm), Pb (0,8 ppm), Ni (0,7 ppm), Cr (0,51 ppm), As (2,6 ppm) et Fe (2059,5 ppm) sont enregistrées dans les lixiviats des résidus grossiers proximaux, par contre les plus faibles teneurs en Cr (0,04 ppm), Fe (43,8 à 106,6 ppm), As (0,02 à 0,04 ppm) ont été notés dans les lixiviats des résidus grossiers distaux.

Les eaux de puits dans la zone de Kettara (Ep_1 et Ep_2) ne contiennent ni Cd ni Hg (Annexe III.3). La comparaison des concentrations en métaux lourds des eaux de puits du site minier avec ceux d'eau potable (ONEP, 1993) montre que tous les échantillons entrent dans les normes marocaines de potabilité. Les faibles concentrations en métaux des eaux souterraines peuvent être liés au phénomènes de sorption et de précipitation (Lghoul et al., 2013).

	As	Co	Cr	Cu	Ni	Pb	Zn	Hg	Cd	Fe
LTk₁	0,01	1,7	0,07	48,3	0,2	0,001	4,7	<0,005	0,01	36,2
LTk₂	0,05	2,3	0,4	133,2	0,4	0,2	10,05	<0,005	<0,001	1372,3
LTk₃	2,2	0,36	1,2	5,6	0,07	1,03	0,9	<0,005	<0,001	2023,6
LTk₄	0,04	1,01	0,04	31,4	0,1	0,02	3,5	<0,005	0,01	43,8
LTk₅	0,02	3,9	0,07	67,1	0,4	0,02	9,7	<0,005	0,03	106,6
LTk₆	0,25	3,8	0,48	97,9	0,24	0,3	4,6	<0,005	<0,001	1546,9
LTk₇	0,8	14,3	0,51	328,1	0,7	0,13	26,8	<0,005	0,01	950,5
LTk₈	2,6	4,7	0,2	93,8	0,23	0,8	8,4	<0,005	<0,001	2059,5

Tableau III.5 : Teneurs en métaux lourds (ppm) des lixiviats de la mine de Kettara.

II.1.5. Spectromètrie de Fluorescence X (FX)

Les résultats de la spectrométrie de fluorescence X montrent que les résidus fins de Kettara sont caractérisés par des concentrations très élevés en SiO_2, Na_2O, K_2O, P_2O_5, qui varient respectivement entre (8,64 et 59,2%), (0,17 et 0,22%), (0,14 et 0,24%), (0,05 et 11,56%) par rapport aux autres résidus (Tableau III.6). L'échantillon de texture fine Tk_3 présente la plus forte teneur en SiO_2, SeO_2 et la plus faible teneur en Fe_2O_3, ceci est lié au pH acide (1,65) et fort taux d'oxygène à la surface. MgO est présent en quantité faible dans ces résidus fins.

Les plus fortes teneurs en Al_2O_3 (8,44%), MgO (4,64%), CaO (1,36%), K_2O (0,49%), CuO (0,51%) et As_2O_3 (0,11%) sont enregistrées dans les résidus grossiers distaux, qui sont pauvres en SO_3 (14,9%). Fe_2O_3, SO_3, PbO sont présents dans les résidus grossiers proximaux de la mine en quantités relativement élevées et ont comme pourcentages respectifs (62,83%), (51,4%) et (0,09%). Les teneurs en Al2O3 (1,22%) et CaO (0,2%) sont négligeables.

	Tk₁	Tk₂	Tk₃	Tk₄	Tk₅	Tk₆	Tk₇	Tk₈
SiO_2	8,64	18,1	59,2	22,18	22,28	10,14	10,11	9,7
Al_2O_3	3,98	5,32	2,06	8,44	7,82	1,8	2,62	1,22
MgO	2,2	3,4	0,6	4,64	4,64	1,22	1,77	1,3
CaO	0,2	0,44	0,6	1,16	1,36	0,38	0,43	0,2
Na_2O	0,17	0,21	0,22	0,19	0,23	0,17	0,16	0,2
K_2O	0,14	0,24	0,14	0,49	0,34	0,17	0,22	0,12
TiO_2	0,14	0,3	0,22	0,34	0,34	0,17	0,2	0,08
MnO_2	0,03	0,03	_	0,16	_	_	_	_
Fe_2O_3	48,68	37,75	11,51	39,09	46,34	62,83	49,12	35,4
P_2O_5	11,56	0,15	0,05	8,01	0,08	0,05	9,56	0,02
CuO	0,35	0,18		0,24	0,51	0,2	0,38	0,2
SO_3	23,8	33,77	25,11	14,9	15,85	22,8	25,3	51,4
As_2O_3	0,04	_	0,02	0,03	0,11	0,07	_	_
PbO	_	0,04	_	_	_	_	0,09	0,1
SeO_2	_	0,01	0,25	_	_	_	_	_
ZrO_2	_	0,01	0,01	0,01	0,01	0,005	0,009	_
Cl	0,04	0,04	_	0,04	0,05	_	0,03	0,04

Tableau III.6 : Compositions chimiques des résidus miniers de Kettara.

II.1.6. Diffraction des Rayons X (DRX)

La diffraction des rayons X indique que les principaux minéraux sulfurés dans le site de Kettara sont la Pyrrhotite (Fe_{1-X}) S_2) et la Pyrite (FeS_2), accompagnées par de petites quantités de Chalcopyrite, Sphalérite, Galène, Vermiculite, Goethite, Quartz, Clinochlore, Pyrophyllite, Ferroan, Zeolite, Talc et Muscovite (Nfissi et al., 2011). Ces résultats sont tout à fait concordants avec les travaux antérieurs de Hakkou et al., (2008a).

Le principal carbonate a été identifié comme étant la calcite. La minéralogie dominante (silicates, alumino-silicates et goethite) est en parfait accord avec les concentrations Si, Al, K, Mg, Na, Fe. Les minéraux secondaires représentés par la jarosite et le gypse ont été détectés dans les résidus miniers oxydés de surface mais pas au niveau des haldes principales et des stériles (Hakkou et al., 2008a). L'oxydation de la pyrrhotite est la source de la dissolution du Co (Hibti,

2001). La chalcopyrite est la source du Cu et la sphalérite est la source du Zn (Hakkou et al., 2008b) (Voir Tableau III.4).

Le DRX et le MEB, réalisées sur des échantillons de Kettara dans les travaux antérieurs de Hakkou et al., 2008a, ont montré que Mg n'est pas associé avec des carbonates mais avec des silicates (Talc et chlorite). Al et Si sont liés à la chlorite, muscovite et albite. Na et K sont respectivement exprimés sous forme d'albite et de muscovite. Le Ca est représenté sous forme de gypse et/ou de calcite.

II.1.7. Synthèse des résultats

Les résultats obtenus ont montré que les résidus miniers de Kettara sont le siège du déclenchement du processus du Drainage Minier Acide, comme en témoigne le pH des lixiviats. Ces pH bas auront un effet sur la solubilité d'un certain nombre de métaux lourds (As, Zn, Cu, Co, Pb…) qui proviendraient des minéraux primaires contenus dans les rejets miniers.

Les mesures du potentiel net de génération d'acide de Kettara (Hakkou et al., 2008a) ont fourni des valeurs comprises entre 51 et 453kg $CaCO_3$/t alors que le potentiel net de neutralisation reste faible et varie entre -453 à -22,5kg $CaCO_3$/t. Ces résidus qui sont de taille moyenne à grossière, ont un coefficient de perméabilité relativement grand permettant ainsi un bon drainage et par ailleurs une accentuation du phénomène du DMA d'autant plus qu'ils sont très pauvres en carbonates (2 à 4%) et riches en soufre (1,6 à 14,5%).

L'ensemble des analyses effectuées sur les résidus miniers de Kettara et leur lixiviats ont révélé la présence de métaux lourds. Les polluants métalliques constitués principalement de Fe, Cu et Zn sont libérés dans les lixiviats d'où leur impact négatif sur l'environnement. La migration de ces métaux lourds a été prouvée étant donné leurs concentrations élevées dans les résidus de la base de la halde.

Les rejets miniers de Kettara sont fortement générateurs d'acidité et par ailleurs du DMA engendrant ainsi un effet néfaste sur l'environnement. Les concentrations élevées de certains métaux toxiques contaminent les sols, les écosystèmes aquatiques et par conséquent, la santé humaine et la faune.

La mine reste une mine agressive au vu de l'importance du DMA généré dans son parc à résidus, sa réhabilitation et l'atténuation de ce phénomène reste d'une extrême urgence.

II.2. Propriétés physico-chimiques et minéralogiques des sous produits industriels

II.2.1. Poussières de four de cimenterie (CKD)

II.2.1.1. Mesure du pH des lixiviat des CKD

Les valeurs du pH mesurées pour les lixiviats des CKD varient entre 11,73 et 12,44. Leur forte alcalinité est due à la dissolution rapide des carbonates et des oxydes, tels que CaO ou $Ca(OH)_2$ qui engendre un excellent potentiel de neutralisation (Reardon et al., 1995). Les travaux de Zaki et al. (2007) ont montré que les lixiviats des CKD sont efficace pour éliminer le cuivre, le nickel et des ions de zinc, individuellement et/ou en combinaison, des eaux usées synthétiques par précipitation d'hydroxyde.

Echantillons	pH
CKD$_1$	11,73
CKD$_2$	12,44
CKD$_3$	12,33
CKD$_4$	12,38

Tableau III.7 : Valeurs du pH des lixiviats des CKD.

II.2.1.2. Analyse hydraulique au laboratoire

La perméabilité des CKD est de l'ordre de $1,5.10^{-7}$ cm/s, ce qui permet de les classer dans la catégorie de matériaux imperméables (Tableau III.4). Ces poussières constitués de particules très fines permettant un mauvais drainage et l'inhibition des infiltrations et par voie de conséquence le ralentissement du processus du DMA.

II.2.1.3. Analyse par infrarouge (IR)

La calcite représente le principal composant des CKD qui apparait au niveau du spectre IR sous forme de bandes à 2510 cm^{-1} (Chen et al., 2010), à 1460 cm^{-1} (Farcas et Touzé, 2001 in Coussy, 2011) et aussi en bandes à 1410 cm-1 (in Kanda Ntumba, 2012). Le spectre infrarouge des CKD de la cimenterie Lafarge de Bouskoura concorde bien avec ces travaux, les spectres de la calcite sont bien matérialisés.

Les spectres enregistrés à 1026 cm^{-1} avec une bande large correspondraient au groupement Si-O (Sadik et al., 2012) indiquant la présence du quartz.

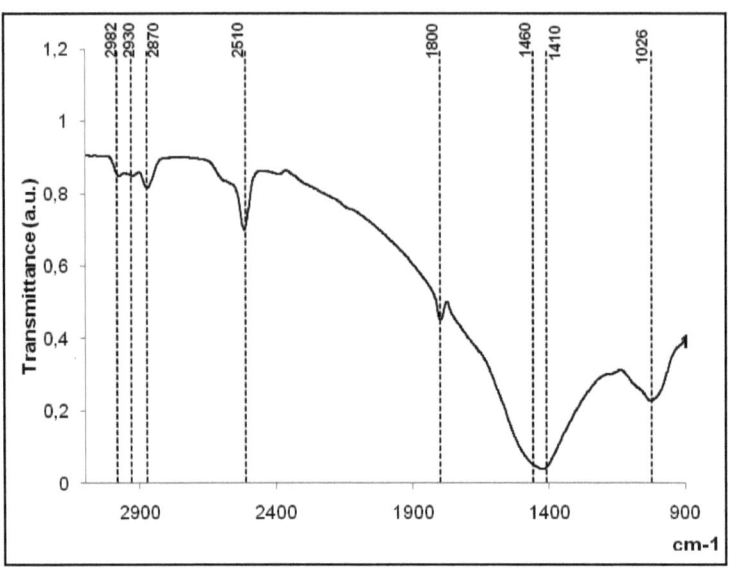

Figure III.6 : Spectres d'infrarouge des CKD.

II.2.1.4. Spectrométrie d'émission plasma (ICP) et Spectromètre de fluorescence X (FX)

Des études antérieures ont montré que les CKD peuvent contenir de 8,1 à 61,3 % en poids total de CaO (Haynes & Kramer, 1982; Collins & Emery, 1983; Todres et al., 1992; Bhatty, 1995; Bhatty & Todres, 1996; El -Awady & Sami, 1997; Duchesne et Reardon, 1998; Pigaga et al., 2005; Sreekrishnavilasam et al., 2006; Zaki et al., 2007; Peethamparan et al., 2008; Mackie, 2010).

Les analyses effectuées lors de cette étude ont révélé une teneur élevée en CaO de l'ordre de (48,5%) et en Ca de l'ordre de (31,3%) (Tableau III.8). Ceci prouve la présence de la calcite ($CaCO_3$), de la chaux vive (CaO) et de l'anhydrite ($CaSO_4$). On note aussi la présence de silice (SiO_2) en concentration moyenne de l'ordre de 14,29%, leurs teneurs respectives en Fe_2O_3 et Al_2O_3 sont de l'ordre de 7,25% et 6,56%.

Les CKD libèrent très rapidement de fortes concentrations en potassium, sulfate et alcalinité ce qui entraine la précipitation de minéraux réservoirs tels que l'ettringite. Le C-S-H et le gypse sont capables de co-précipiter des métaux. Les poussières de four de cimenterie renferment des traces de Zn et Cr et sont dépourvu de Co, Mo, Cd et Pb. Les résultats des analyses chimiques des CKD concordent parfaitement avec les résultats obtenus par l'IR et par Duchesne et Reardon (1998).

FX	SiO$_2$	Al$_2$O$_3$	Fe$_2$O$_3$	CaO	MgO	SO$_3$	Na$_2$O	K$_2$O	TiO$_2$	P$_2$O$_5$	SrO	Cl	PF
	14,29	6,56	7,25	48,5	1,13	0,8	0,36	0,93	0,2	1,17	0,05	0,27	24

ICP	Ca	Al	Fe	Ba	Cr	Cu	Mn	S	Mg	Zn	Ti	Ni	Sb	As	Co	Mo	Pb	Cd
	31,3	1,60	2	0,012	0,003	0,003	0,02	0,2	0,4	0,004	0,08	0,001	0,001	0,001	0	0	0	0

Tableau III.8 : Compositions chimiques des CKD (en %).

DRX	Quartz	Calcite	Chlorite	Muscovite
CKD	3,21	88,1	1,93	6,78

Tableau III.9 : Minéralogie quantitative par DRX des CKD.

II.2.1.5. Composition minéralogique par Diffraction des rayons X et MEB

La figure (III.7) et le tableau (III.9) représentent la composition minéralogique quantitative et qualitative des CKD par diffraction des rayons X. Les principales phases détectées par cette technique sont la calcite (88,1 %) et le quartz (3,21%).

Les micrographes du MEB (Photo III.2 et Figure III.8) montrent que l'échantillon de CKD est presque entièrement composé de calcite sous forme de grains de taille inférieure à 10 μm (Figure III.8). La cartographie de distribution des rayons X (Figure III.8) fait apparaitre clairement que le calcium et l'oxygène sont les principaux composants, ce ci concorde parfaitement avec les résultats par DRX (Tableau III.9). La stœchiométrie des minéraux analysés par le MEB-EDS (Tableau III.10) montre que les CKD contiennent également des traces d'apatite, quartz, corindon et muscovite. (Annexe III.4).

L'ensemble de ces résultats concorde parfaitement avec les résultats et les interprétations des analyses chimiques par IR et par ICP.

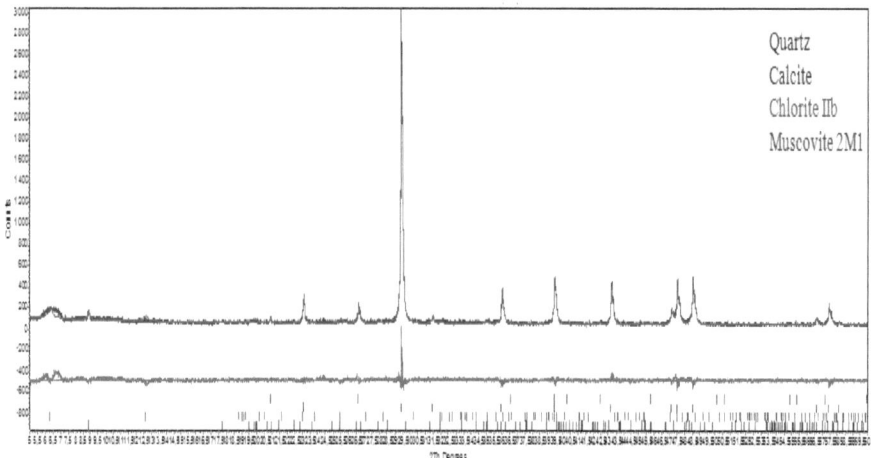

Figure III.7: Minéralogie des CKD par DRX.

Photo III.2: Image des CKD prise au MEB en mode électrons secondaires

(**Cal** : calcite; **Qz** : Quartz; **Cor** : Corindon; **Ap** : Apatite; **Mus** : Muscovite).

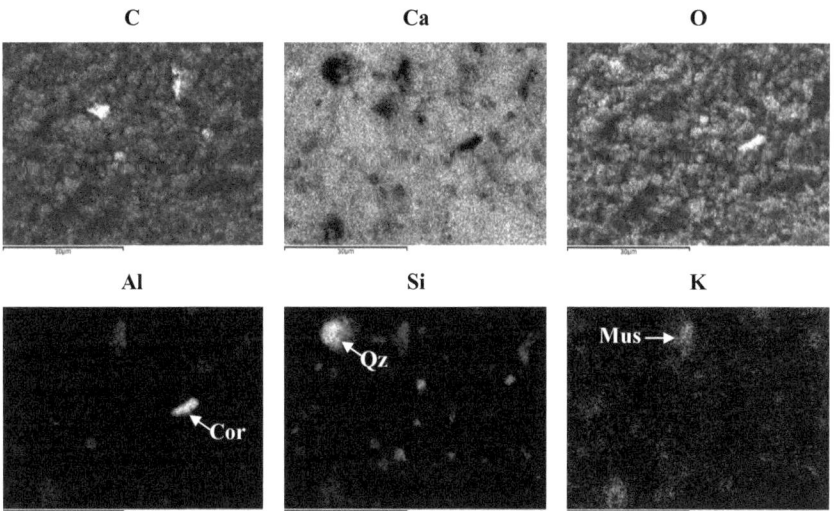

Figure III.8: Cartographies de distribution des rayons X des CKD.

	C	F	Al	Si	P	Cl	K	Ca	O	Total
Corindon(Al_2CO_3)			52,93						47,07	100
Apatite ($Ca_5(PO_4)_3F$)		7,48			13,41	0,83		43,56	34,71	100
Quartz (SiO_2)				46,74					53,26	100
Muscovite ($KAl_2(Si_3Al)O_{10}(OH,F)_2$)			16,83	26,45			9,65		47,07	100
Calcite($CaCO_3$)	19,31							20,91	59,78	100

Tableau III.10: Stœchiométrie des phases minérales des CKD par MEB-EDS.

II.2.1.6. Analyse thermogravimétrique (ATG)

L'analyse thermogravimétrique des CKD a révélé que la perte de masse principale est centrée autour de 850°C correspondant au point de fusion de la calcite. Ce résultat a été déjà avancé par les travaux de Khanna (2009) qui a montré que la perte de masse des CKD des États-Unis d'Amérique se situe entre 700 et 850°C correspondant à la calcite. Les pics localisés entre 75 et 90 °C sont liés au départ de l'eau, résultats d'une désorption ou de la décomposition de l'ettringite (Rhouzlane, 1997).

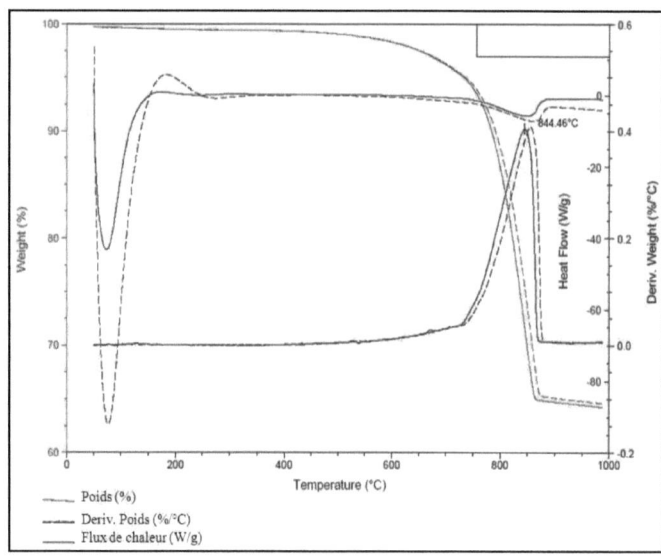

Figure III.9 : Spectres d'analyse thermogravimétrique des CKD.

II.2.1.7. Essais statiques

Le dosage du soufre et du carbone a révélé un pourcentage élevé en carbone (10,30%) par rapport au soufre (Tableau III.11). En adoptant la méthode standard test acide-base 'ABA' (Acid-Base Accounting) de Sobek et al., (1978) modifiée, le potentiel de neutralisation des CKD est de 910 kg/t CaCO$_3$; il est plus élevé que celui des déchets des phosphates alcalins qui est de l'ordre de 680 kg/t CaCO$_3$ (Hakkou et al., 2009).

Le potentiel d'acidité calculé (PA) est de l'ordre de 9,38 kg/t CaCO$_3$ et le pouvoir net de neutralisation (PNN) calculé est de 900,63 kg/t CaCO$_3$. Ce fort potentiel de neutralisation confirme leur forte alcalinité qui permettra de neutraliser l'acidité des résidus miniers de Kettara et limiter par ailleurs la solubilité des métaux lourds (Doye, 2005).

	Carbone (%)	Soufre (%)	PA (Kg/t CaCO$_3$)	PN (Kg/t CaCO$_3$)	PNN (Kg/t CaCO$_3$)
CKD	10,3	0,3	9,38	910	900,63

Tableau III.11 : Dosage du carbone, du soufre et le Potentiel Net de Neutralisation des CKD.

II.2.2. Cendres volantes (FA)

II.2.2.1. Mesure de pH des lixiviat des FA

Les valeurs de pH mesurées pour les lixiviats des FA sont comprises entre 9,45 et 10,53.

L'addition des cendres volantes aux résidus miniers réduit l'oxydation de la pyrite et de la pyrrhotite en l'encapsulant par précipitation du fer sous forme de ferryhdrite sur sa surface (Pérez-López et al., 2005). Pourtant, Pérez-López et al., (2007) constatent que la capacité des cendres volantes à retenir les métaux diminue à faible pH, entrainant leur relargage.

Les FA peuvent également contenir des quantités importantes de silicates, tel la mullite (Ram, 1992 et Ram et al., 1995), qui, en principe, peut capter des ions d'hydrogène conduisant à la neutralisation par formation d'acide silicique. Seoane et Leirós, (2001) constatent que le traitement par des cendres volantes augmente progressivement le pH de la mine perdue au fil du temps en raison du ralentissement de la désagrégation des silicates d'aluminium.

Echantillons	pH
FA$_1$	10,43
FA$_2$	9,45
FA$_3$	10,53
FA$_4$	9,95

Tableau III.12 : Valeurs du pH des lixiviats des FA.

II.2.2.2. Analyse hydraulique au laboratoire

L'essai de perméabilité mené au laboratoire a révélé que le coefficient de perméabilité des FA est de l'ordre de $1,6.10^{-5}$ cm/s. Ces cendres sont constituées de grains très fins empêchant le drainage puisqu'ils se repartissent dans l'intervalle des matériaux imperméables (Tableau III.4).

II.2.2.3. Analyse par infrarouge (IR)

Les résultats de l'analyse par infrarouge des trois échantillons de cendres volantes ont montré qu'il s'agit du même matériel avec une grande homogénéité du spectre. Ce dernier montre un pic à 2350 cm^{-1} correspondant au CO_2 atmosphérique lié probablement à la décarbonatation des carbonates, la présence de l'eau est exprimée par le pic (1630 cm^{-1}) (Benzaazoua et al. 2009). La bande enregistrée à 2510 cm^{-1} représente la calcite (Chen et al., 2010), le quartz contenu dans les cendres est matérialisé par le pic (1026 cm^{-1}).

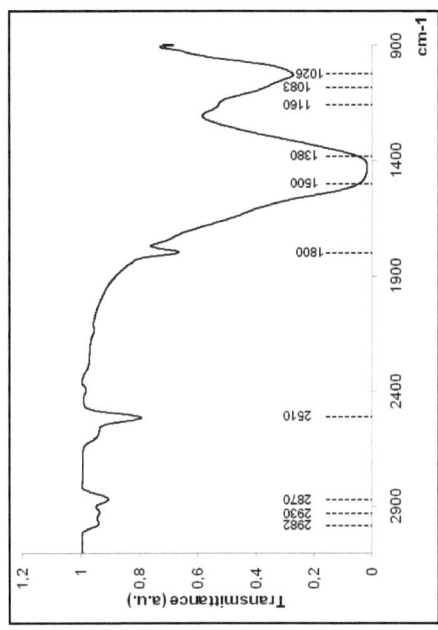

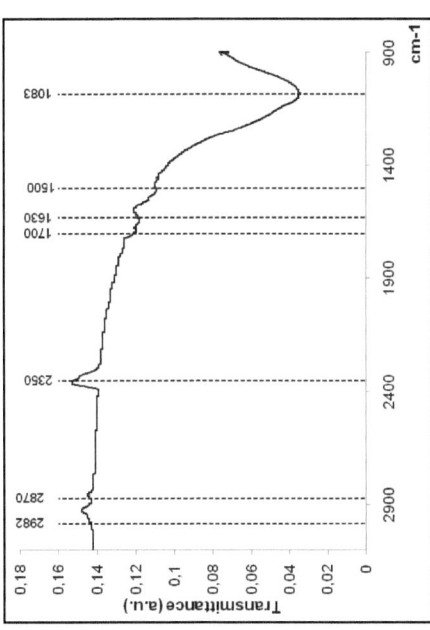

Figure III.10: Spectres d'infrarouge des FA.

II.2.2.4. Spectrométrie d'émission plasma (ICP) et Spectromètrie de fluorescence X (FX)

Les principaux constituants des FA sont : SiO_2 (52,15%), Al_2O_3 (25,5%), CaO (2,91%), MgO (1,76%) et K_2O (1,47%) (Tableau III.13). Ces résultats sont similaires à ceux des travaux d'Aubert (2003) et Muluken et al., (2009) qui ont également montré que la cendre volante est composée principalement de calcium, de silicium, d'aluminium, de sulfates et de phosphore.

Les FA sont dépourvues de Cd, Sb et As, leur teneur en Cr, Cu, Ni et Zn sont négligeables. Les composants des FA qui contribuent essentiellement au pH des lixiviats sont Ca, Mg et S qui sont présents à la surface des particules de FA (Van der Sloot et al., 1982). La solubilité de nombreux éléments cationiques (Cd, Cr, Cu, Ni, Pb et Zn) diminue avec l'augmentation du pH (Jankowski et al., 2006 in Ram et Masto, 2010). La phytotoxicité potentielle est directement liée au pH, et indirectement associée aux facteurs de contrôle du pH, tel que la concentration en soufre.

FX	SiO_2	Al_2O_3	Fe_2O_3	CaO	MgO	SO_3	Na_2O	K_2O	TiO_2	P_2O_5	SrO	Cl	PF
	52,15	25,5	-	2,91	1,76	0,7	0,6	1,47	0,83	0,94	0,12	0,05	17

ICP	Ca	Al	Fe	Ba	Cr	Cu	Mn	S	Mg	Zn	Ti	Ni	Co	Mo	Pb	Cd	As	Sb
	2,3	9,9	5	0,15	0,01	0,012	0,06	0,123	0,9	0,013	0,5	0,006	0,003	0,001	0,003	0	0	0

Tableau III.13 : Compositions chimiques des FA (en %).

	Quartz	Calcite	Magnétite	Gypse	Mullite	Hématite
FA	37,71	17,9	3,25	0,70	37,95	2,51

Tableau III.14 : Minéralogie quantitative par DRX des FA.

II.2.2.5. Composition minéralogique par Diffraction des rayons X (DRX) et MEB

Les principales phases détectées par diffraction des rayons X des FA sont le quartz (37,71 %), la calcite (17,9 %) et la mullite (37,95%). Les oxydes de fer représentés par la magnétite et l'hématite sont présents mais en faible quantité, le gypse est sous forme de traces (Figure III.11 et Tableau III.14).

Les analyses au MEB effectués au CNRST ont montré que les FA sont composés de silice et d'alumine (Annexe III.4) ce qui concorde avec les travaux de Rafai (2008) qui ont révélé la nature silico-calcique ou silico-alumineuse de ces cendres.

Les observations au MEB des cendres volantes ont montré qu'elles sont essentiellement constituées par la mullite et le charbon, avec des traces de calcite, quartz et hématite. La mullite est sous forme de sphérules de dimensions variables, submicrométriques à micrométriques (~50 µm). Les grains de charbon sont de forme et de taille variables (de quelques microns à ~100 µm) et souvent poreux (Photo III.3 et Tableau III.15). La porosité du charbon est toujours remplie par les sphérules de mullite. L'hématite se présente aussi sous forme de sphérules. Ces résultats d'analyse par MEB et FX confirment ceux préalablement fournis par DRX et par IR.

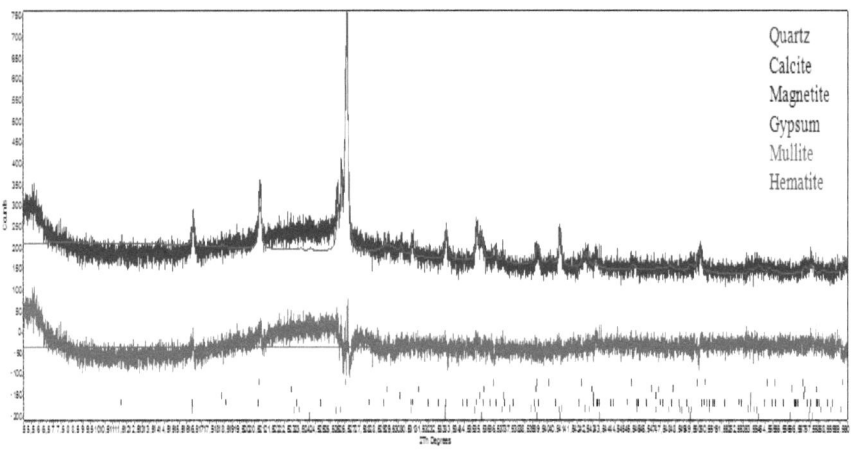

Figure III.11: Minéralogie des FA par DRX.

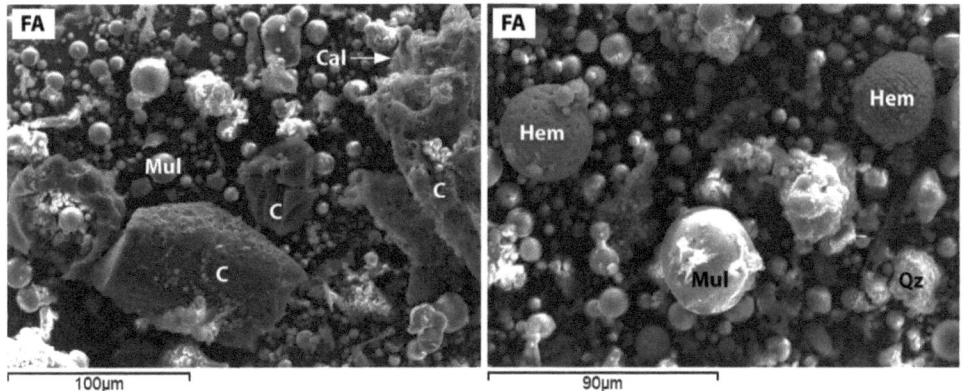

Photo III.3: Images des cendres volantes prises au MEB en mode électrons secondaires

(**C** : Charbon; **Mul** : Mullite; **Cal** : Calcite; **Hem** : Hématite; **Qz** : Quartz).

	C	Na	Mg	Al	Si	K	Ca	Ti	Fe	O	Total
Carbone (C)	100										100
Mullite(3Al₂O₃, 2SiO₂)		0,63	0,56	19,89	20,43	1,27	1,88	5,4	2,93	47,01	100
Calcite (CaCO₃)	19,13						21,38			59,5	100
Hématite (Fe₂O₃)									77,73	22,27	100
Quartz (SiO₂)					46,74					53,26	100

Tableau III.15: Stœchiométrie des minéraux des FA analysés par MEB-EDS.

II.2.2.6. Analyse thermogravimétrique (ATG)

Les résultats de l'analyse thermogravimétrique des FA montrent une première perte de masse entre 100 et 200°C qui correspond probablement à une déshydratation d'hydrates cimentaires (notamment les CSH) ou autres hydrates (Figure III.12). Une seconde perte de masse centrée sur environ 700°C correspondrait à la décarbonatation de carbonates faiblement cristallisés.

103

L'analyse (ATG) relevant des travaux de WRAP (2007) ont conclu que les FA contiennent presque 3% de carbone à environ 600-800°C, leur masse commence néanmoins à décroitre de 400°C jusqu'à 1000°C en relation avec la présence de la matière organique (imbrulée).

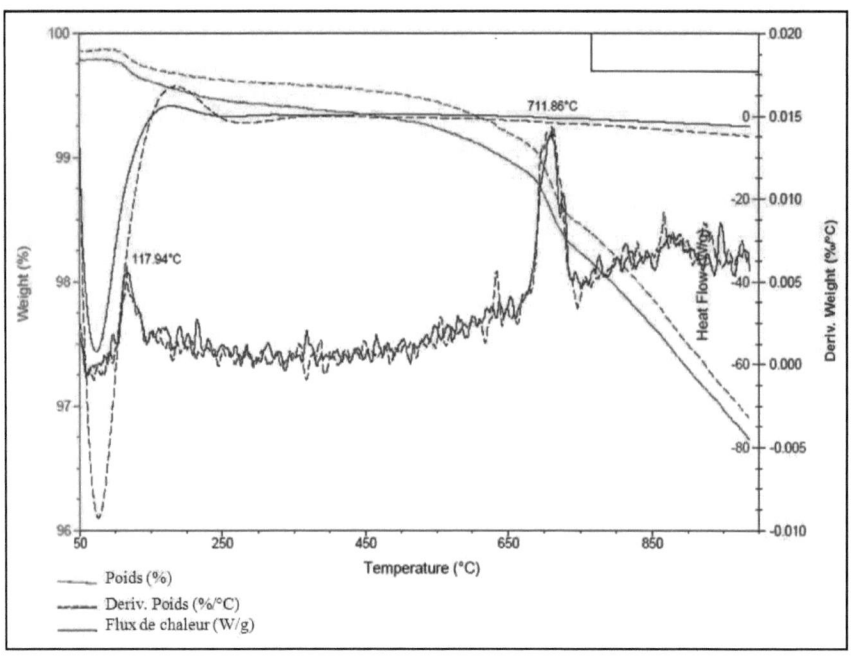

Figure III.12: Spectres d'analyse thermogravimétrique des FA.

II.2.2.7. Essais statiques

Le dosage du soufre et du carbone a révélé un pourcentage élevé en carbone (18,30%) par rapport au soufre (Tableau III.16). Les résultats du test acide-base 'ABA' (Acid-Base Accounting) modifiée par Sobek et al. (1978), ont montré que le potentiel de neutralisation des FA est de l'ordre de 250 kg/t $CaCO_3$. Leur alcalinité est modérée par rapport à celle des CKD mais peuvent cependant contribuer à la neutralisation de l'acidité des résidus miniers de Kettara. Le potentiel d'acidité (PA) et le potentiel net de neutralisation (PNN) calculés sont respectivement de l'ordre de 6,25kg/t $CaCO_3$ et de 243,75kg/t $CaCO_3$.

	Carbone (%)	Soufre (%)	PA (Kg/t CaCO$_3$)	PN (Kg/t CaCO$_3$)	PNN (Kg/t CaCO$_3$)
FA	18,1	0,2	6,25	250	243,75

Tableau III.16 : Dosage du carbone, du soufre et le Potentiel Net de Neutralisation des FA.

II.3. Synthèse des résultats

Les résultats relatifs aux poussières de cimenterie de Lafarge ont montré que leurs lixiviats sont très basiques avec un pH variant entre 11,73 et 12,44. Elles sont composées principalement de calcite (88,1%), de SiO$_2$, de Fe$_2$O$_3$ et d'Al$_2$O$_3$. Elles sont très imperméables et leur coefficient de perméabilité est de l'ordre de $1.5.10^{-7}$ cm/s engendrant, suite à leur hydratation, la formation d'une couche imperméable qui empêche la diffusion de l'oxygène dans les résidus amendés et évitant ainsi l'écoulement des lixiviats acides.

La caractérisation des FA a montré que leur lixiviats sont basique avec un pH variant entre 9,45 et 10,53. Leurs principales phases minérales sont constituées de la mullite (37,95%), de quartz (37,71 %) et de la calcite (17,9 %). Ces cendres imperméables, dont le coefficient de perméabilité est de l'ordre de $1,6.10^{-5}$cm/s, peuvent être utilisées comme couche couverture et/ou amendement de résidus miniers pour limiter l'infiltration des eaux. L'ensemble des résultats obtenus concordent avec les travaux antérieurs qui ont conclu que les poussières réduisent efficacement l'acidité en raison de la finesse des grains et de la forte réactivité de la chaux (CaO) qu'elles contiennent (Mehling et al., 1997); en effet la dissolution de la calcite engendre une augmentation du pH, de l'alcalinité, et des concentrations en Ca (Ekolu et Azene, 2012). Le calcium et les autres alcalis, présents en solution, réagissent avec des ions hydrogène dans l'eau provoquant la neutralisation du phénomène du DMA. Les travaux récents de Lu et al. (2013) ont conclu que l'utilisation des cendres volantes comme couverture agit à long terme. Quand l'eau entre en contact avec la couverture terreuse, les oxydes, hydroxydes et les carbonates de Calcium se dissolvent et l'alcalinité est générée.

Les CKD et les FA sont des matériaux adéquats pour la stabilisation des rejets miniers acides. Des travaux récents ont montré que les CKD pourraient être consolidés et stabilisés lorsqu'ils sont utilisés en conjonction avec des quantités de cendres volantes et/ou d'autres matériaux divers (Ballivy et al., 1992). Des travaux expérimentaux effectués sur le terrain (Adaska et Taubert, 2008) et/ou au laboratoire (Nehdi et Tariq, 2008) ont révélé que l'efficacité des CKD augmente en combinaison avec d'autres matériaux cimentaires, notamment les cendres volantes, qui ont des propriétés hydrauliques ou pouzzolaniques qui renforcent l'effet du liant (Rhouzlane, 1997).

A l'issu de ces résultats, notre projet mettra en exergue l'effet de ces sous produits industriels, seuls ou mélangés, choisis pour l'atténuation du DMA à travers une série d'essais cinétiques au laboratoire dans le but de suivre l'évolution de la qualité du lixiviat acide produit par les résidus miniers de Kettara.

PARTIE IV : AMENDEMENT ALCALIN

Cette partie portera sur les différents protocoles expérimentaux testés au laboratoire pour contrôler le drainage minier acide à Kettara. Cette méthode d'amendement à base de sous-produits industriels, fins et basiques, consiste en l'utilisation de poussières de four de cimenterie et de cendres volantes des centrales thermiques, afin d'empêcher la production d'acide par oxydation des minéraux sulfurés.

Les amendements choisis pour l'atténuation du drainage minier acide seront testés par des essais cinétiques préliminaires, conduits au laboratoire sur des colonnes de lixiviation. Ces résultats sont primordiaux pour l'identification de scénarios d'amendements les plus adéquats du point de vue quantitatif et qualitatif, pour la mise en place des essais cinétiques en colonnes. Ces derniers, suivis sur deux années, ont permis de suivre l'évolution de la qualité du lixiviat et de mesurer l'efficacité des sous produits industriels pour l'amendement des résidus miniers à plus grande échelle.

CHAPITRE I : ESSAIS CINETIQUES PRELIMINAIRES

I.1. Méthodologie des protocoles expérimentaux préliminaires

I.1.1. Essais cinétiques en cellules humides

Notre projet a été lancé suite à de nombreux travaux effectués sur le site minier de Kettara depuis 2006, par l'équipe de Chimie des Matériaux et de l'Environnement, Faculté des Science et Techniques de Marrakech et l'Université du Québec en Abitibi Témiscamingue (UQAT) au Canada, qui ont décroché en 2009 le projet de la Chaire du Centre de Recherches pour le Développement International (CRDI) en Gestion et Stabilisation des Rejets Industriels et Miniers.

Des tests en cellules humides réalisés par Hakkou et al. (2008b), en vue d'estimer le taux de réactions minérales des résidus grossiers de la mine abandonnée de Kettara, ont montré leur capacité de produire des lixiviats très acides, fortement nuisibles pour l'environnement.

Cette technique de test en cellules humides, décrite dans Morin et Hutt (1997a) et adoptée par Hakkou et al. (2008b), se déroule sur une durée d'un an (52 cycles) avec environ 1,83 kg (poids sec) de résidus miniers grossiers non altérés.

Un cycle complet comprend 3 jours de circulation de l'air sec dans l'échantillon (1 l/min) et 3 jours de circulation de l'air humide (1l/min) puis un rinçage de l'échantillon le septième jour. Ce rinçage se fait par submersion et trempage des résidus pendant 4 heures avec 500 ml d'eau déionisée.

Les résultats de cette étude ont été pris comme référence quant au comportement géochimique des résidus miniers sans amendement. Ces résultats témoins ont permis de suivre l'évolution de la qualité des lixiviats après amendement.

I.1.2. Protocole expérimental des essais cinétiques préliminaires (Petites colonnes)

Des essais préliminaires en colonnes ont été effectués afin de comprendre l'effet des amendements sur les résidus miniers à petit échelle avant d'entamer les essais à plus grande échelle sur des colonnes de dimension standard (Bouzahzah, 2013).

L'objectif de ce travail est de déterminer les ratios des CKD, des FA et des résidus susceptibles de neutraliser le phénomène du DMA à Kettara.

I.1.2.1. Mise en place des essais préliminaires

Les tests de lixiviation ont été réalisés dans de petites colonnes de 14 cm de hauteur et 5 cm de diamètre (Figure IV.1).

Le dispositif expérimental des essais cinétiques préliminaires en colonnes comporte sept essais refermant 2/3 de résidus miniers (200 g), mélangés à 1/3 d'amendement (CKD et/ou FA) (100g), les proportions des CKD et des FA varient d'un essai à l'autre. Les différentes configurations choisies sont décrites ci-dessous :

• **Essai 1 (E1)** : La colonne comporte des résidus miniers fins de Kettara (TK) mélangés à 100% de poussières de four de cimenterie (CKD).

• **Essai 2 (E2)** : la colonne renferme des résidus miniers mélangés à 90% de CKD et 10% de cendres volantes (FA).

• **Essai 3 (E3)** : Contient des résidus miniers fins mélangés à 80% CKD et 20% FA.

• **Essai 4 (E4)** : Contient des résidus miniers fins mélangés à 70% CKD et 30% FA.

• **Essai 5 (E5)** : Comporte des résidus miniers fins mélangés à 60% CKD et 40% FA.

• **Essai 6 (E6)** : Contient des résidus miniers fins mélangés à 50% CKD et 50% FA.

• **Essai 7 (E7)** : La colonne a été remplie par des résidus miniers fins mélangés à 100% de cendres volantes (FA).

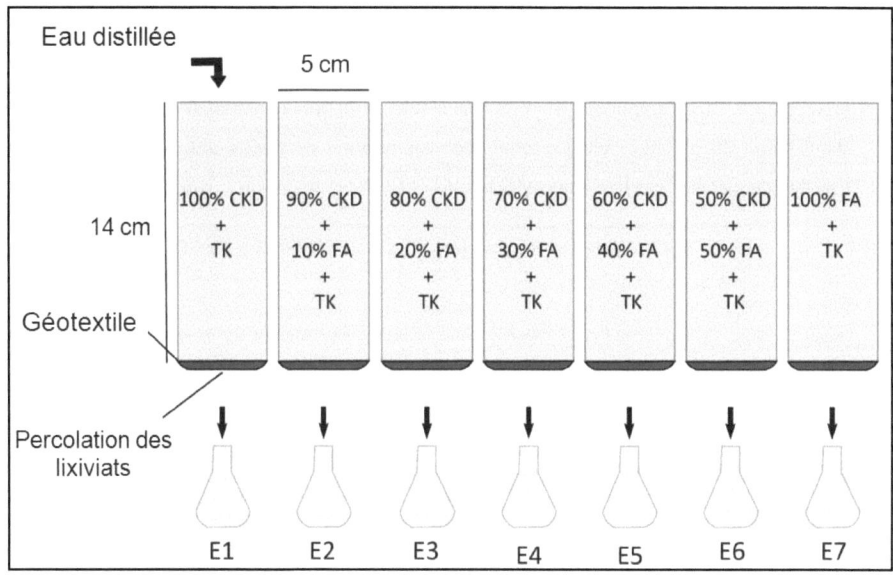

Figure IV.1 : Dispositif expérimental des essais préliminaires de lixiviation.

I.1.2.2. Processus de lixiviation

Le processus de lixiviation se fait par rinçage à l'eau distillée (100 ml) au sommet des colonnes qui restent ouvertes durant l'essai. La base des colonnes, munies de trous d'évacuation d'eau, a été équipée d'un géotextile qui filtre l'eau lors de son écoulement en dehors de la colonne. Le prélèvement se fait respectivement après 7, 10, 15 jusqu'à 536 jours. Le temps de percolation de lixiviats est également mesuré à l'aide d'un chronomètre, directement après chaque rinçage.

Les échantillons prélevés sont filtrés. Leur pH et leur conductivité sont mesurées respectivement à l'aide d'un pH-mètre type (pH/Ion 510, Bench pH meter) et par un conductivimètre type (con510, Bench conductivity). Tous les échantillons seront acidifiés avant leur stockage à 4°C. Ils feront ensuite l'objet d'une analyse par ICP-OES (Perkin-Elmer Optima DV 7000 ICP-OES), pour le dosage des éléments chimiques.

I.1.2.3. Acidité et alcalinité des lixiviats

Afin de déterminer l'acidité à l'aide d'un titrage par l'hydroxyde de sodium (NaOH) des mélanges étudiés (norme PE3-AC-08), il faut que tous les échantillons aient un pH<8,3. Un volume de 100 ml de l'échantillon est prélevé à l'aide d'un cylindre gradué puis placé dans un erlenmeyer de 250 ml contenant un barreau magnétique, le tout est placé sur un agitateur.

L'échantillon est alors titré en tournant doucement la molette vers le bas, jusqu'au pH prédéterminé. Il est important de titrer par ajouts de petites quantités d'acide en veillant à la stabilisation du pH après chaque ajout. Le volume total de NaOH utilisé permet de calculer l'acidité du mélange par la relation suivante :

$$\text{Acidité (mg } CaCO_3\text{/l)} = [(A_{NaOH} \times B) \times 50000 \text{ (mg } CaCO_3\text{/l)}]/V$$

Où :

A_{NaOH} : Volume de la solution titrante (NaOH) utilisé en ml, **B** : Normalité de NaOH et **V** : Volume de l'aliquote titrée en ml.

L'alcalinité des mélanges étudiés est déterminée par titration à l'acide sulfurique (norme PE3-AC-07). Tout les échantillons doivent avoir un pH>4,5.

L'alcalinité est dosée de la même manière que l'acidité. Le volume de 100ml prélevé est titré à l'aide du cylindre gradué puis placé dans un erlenmeyer de 250 ml contenant un barreau magnétique, le tout est placé sur un agitateur. L'échantillon est titré à l'aide de la burette de H$_2$SO$_4$ (0,02 N) jusqu'au pH prédéterminé.

Le volume total de H$_2$SO$_4$ (0,02 N) utilisé permet de calculer l'alcalinité du mélange par la relation suivante :

$$\text{Alcalinité (mg CaCO}_3\text{/l)} = [(A_{H2SO4} \times N) \times 50000 \text{ (mg CaCO}_3\text{/l)}]/V$$

Où :

A_{H2SO4} : volume de la solution titrante (H$_2$SO$_4$) en ml, **N** : Normalité de la solution titrante
V : volume de l'aliquote titrée en ml.

I.2. Résultats et discussions

I.2.1. Résultats des essais cinétiques en cellules humides

Les principaux résultats de la qualité de l'eau des lixiviats des tests en cellules d'humides sur les résidus grossiers de Kettara sont résumés dans la figure IV.2. La figure IV.2a montre que pendant les premiers cycles de l'expérience, le pH a chuté rapidement à 3,1 pour les résidus grossiers. Ensuite, le pH a diminué à des valeurs très acides (pH inférieur à 3). Les valeurs de la conductivité montrent une stabilisation après 100 jours à des valeurs de 1200 µs/cm (Figure IV.2c). Ces valeurs témoignent d'une importante réactivité des minéraux et elles sont caractéristiques des effluents contaminés par DMA.

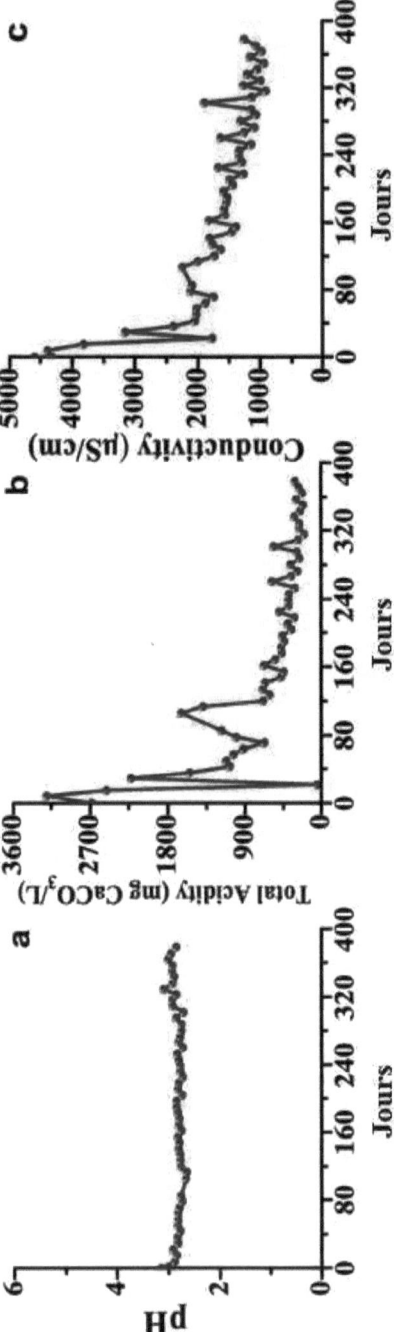

Figure IV. 2: Cinétique des mesures ponctuelles des lixiviats des cellules humides des résidus de Kettara (Hakkou et al., 2008b).

(a) : pH, (b) : Acidité et (c) et (d) : Conductivité électrique

112

La libération du fer est contrôlée par un assemblage complexe de minéraux dont la pyrrhotite, la pyrite, la chalcopyrite, la goethite et la magnétite. La Figure IV.3f montre que les concentrations de fer dans les eaux rincées des résidus de Kettara variaient entre 15,1 et 1440 mg/l. Ces valeurs sont trois fois inférieures aux valeurs théoriques prédites à partir de l'oxydation stoechiométrique de la pyrite ou la pyrrhotite. En effet, le rapport molaire moyen Fe/SO_4^{2-} est de 0,32. Ceci suggère que le fer précipite in situ sous forme d'oxyhydroxyde de fer. Le comportement géochimique de Ca est différent de celui de Mg (Figures IV. 3a, b). Il peut s'expliquer par le fait que Ca pourrait provenir soit de la calcite et/ou de gypse. Il pourrait aussi provenir de l'anorthite. Le magnésium pourrait être lié au talc dissous dans des conditions acides.

La figure IV.3d montre les concentrations en Cu mesurés en solution au cours de la lixiviation. Elles sont de l'ordre de 28 mg/l dans l'eau rincée. L'oxydation de la chalcopyrite est la principale source de Cu dissous dans les résidus miniers de Kettara.

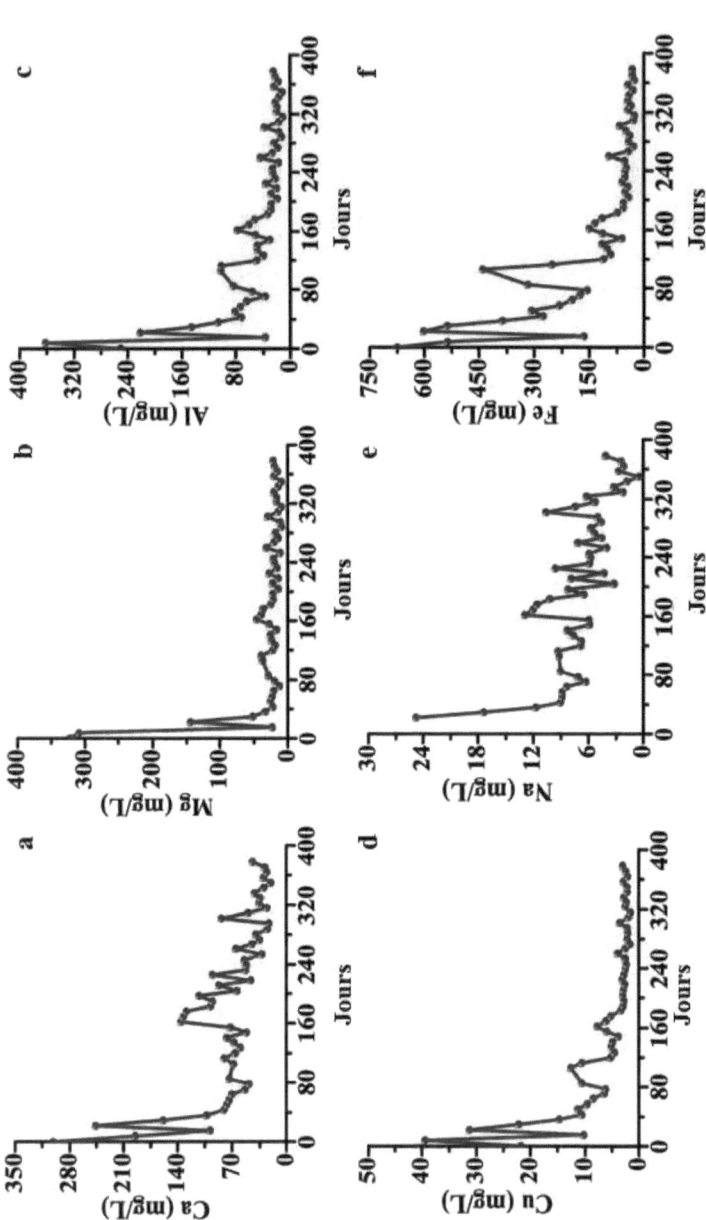

Figure IV.3 : Cinétique des mesures ponctuelles des principaux éléments chimiques des lixiviats des cellules humides des résidus de Kettara (Hakkou et al., 2008b).

114

I.2.2. Résultats des essais cinétiques préliminaires

Les colonnes préliminaires sont comparées au test en cellules humides référence qui ne contient que les résidus de Kettara.

Le temps de percolation mesuré lors de la lixiviation montre que le mélange des essais E2 et E3 sont dotés d'un pouvoir de rétention élevé (Figure IV.4). L'écoulement du lixiviat a lieu environ une heure après le rinçage.

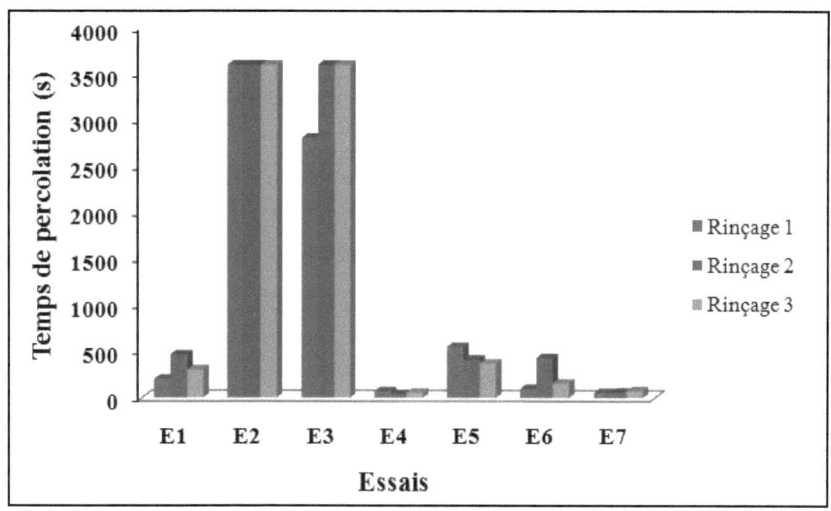

Figure IV. 4 : Temps de percolation pour trois cycles de rinçage.

❖ pH

L'évolution du pH (Figure IV.5a) montre une légère tendance vers la neutralité (6,9 à 7,13), tout au long de la période d'essai, pour les cinq premières colonnes contenant une forte proportion en CKD; cela est dû à l'effet élevé des carbonates inclus dans les CKD.

La présence de CKD en proportion importante (≥60%) mélangées aux FA, de l'essai E1 à E5, contribue à la neutralité des lixiviats acides et limite leur infiltration rapide dans le milieu. D'après Bellaloui et al. (1996), l'hydratation des CKD dans la couverture conduit à la formation d'une couche imperméable qui empêche la diffusion de l'oxygène aux résidus amendés sous-jacents. Le caractère alcalin du mélange des CKD et des résidus générateurs de DMA induit une augmentation de pH, ce qui entraîne une réduction de la lixiviation des métaux. Selon Adaska et Taubert (2008), l'utilisation des CKD en combinaison avec d'autres matériaux cimentaires, y

115

compris les cendres volantes, est efficace. Le liant composite CKD -FA (type C) peut être très efficace dans la stabilisation des résidus miniers sulfurés. Le mécanisme d'interaction entre CKD et FA (Type C) augmente la résistance à la compression de la matrice résultante des résidus stabilisés. Ce mécanisme est attribué à la réactivité des CKD, à la teneur cumulée en oxydes de calcium contenue dans les additifs et aux caractéristiques pouzzolaniques des FA (classe C) (Nehdi et Tariq, 2008).

Ballivy et al. (1992) ont constaté que les CKD pourraient être consolidés et stabilisés lorsqu'ils sont utilisés en conjonction avec des quantités de cendres volantes (classe C) et d'autres matériaux divers. En effet, après consolidation, ces mélanges ont montré une perméabilité inférieure à la norme 10^{-7} cm/s impliquant leur bonne capacité d'absorption des métaux lourds. Les CKD utilisés, qui sont très riches en calcium, sont dotés d'une forte capacité de neutralisation par rapport aux FA. Le pH demeure cependant acide ($3,5 \leq$ pH$\leq 5,5$) dans les essais 6 et 7 à forte proportion de FA. Sans additif d'amendement (Figure IV. 2a) (Tableau III.1), les valeurs de pH restent très acides (Hakkou et al. 2008b).

Toutefois, l'utilisation des CKD seules (E1) entraîne une augmentation du pH sans atteindre la neutralité (pH <6,5) après 18 mois (Annexe IV.1).

Des travaux expérimentaux ont montré que la mise en place du mélange de résidus miniers et/ou de stériles avec 10% de CKD seules, entraine la neutralisation du pH et la réduction des éléments métalliques en solution à court terme. Toutefois, 10% de CKD seules reste insuffisante pour combler tous les pores des résidus (Doye, 2005). Selon ce même auteur, l'ajout d'une petite quantité de déchets industriels alcalins (les boues rouges des bauxites (RMB)) aux CKD a fourni des résultats meilleurs en accélérant le processus de neutralisation. Les RMB, contenant beaucoup d'hydroxydes, jouent le rôle d'un substrat sur lequel des ions métalliques seraient absorbés ou co-précipitent avec l'oxy-hydroxydes de fer.

❖ **Conductivité électrique**

La conductivité a systématiquement augmentée au début de l'essai, puis elle fluctue jusqu'au 67ème jour pour les cinq colonnes et elle se stabilise jusqu'à la fin de l'essai (Figure IV.5b).

Pendant toute la durée de l'essai, les valeurs les plus élevées de la conductivité sont mesurées dans la colonne 7, comportant des résidus miniers mélangés avec 1/3 des FA, indiquant ainsi une forte charge en sels lessivés. La colonne 3, contenant une forte proportion des CKD, a fourni les plus basses valeurs de la conductivité (autour de 430 μs/cm) dès le 109ème jour. La conductivité serait principalement due à la teneur de Ca^{2+}dissous.

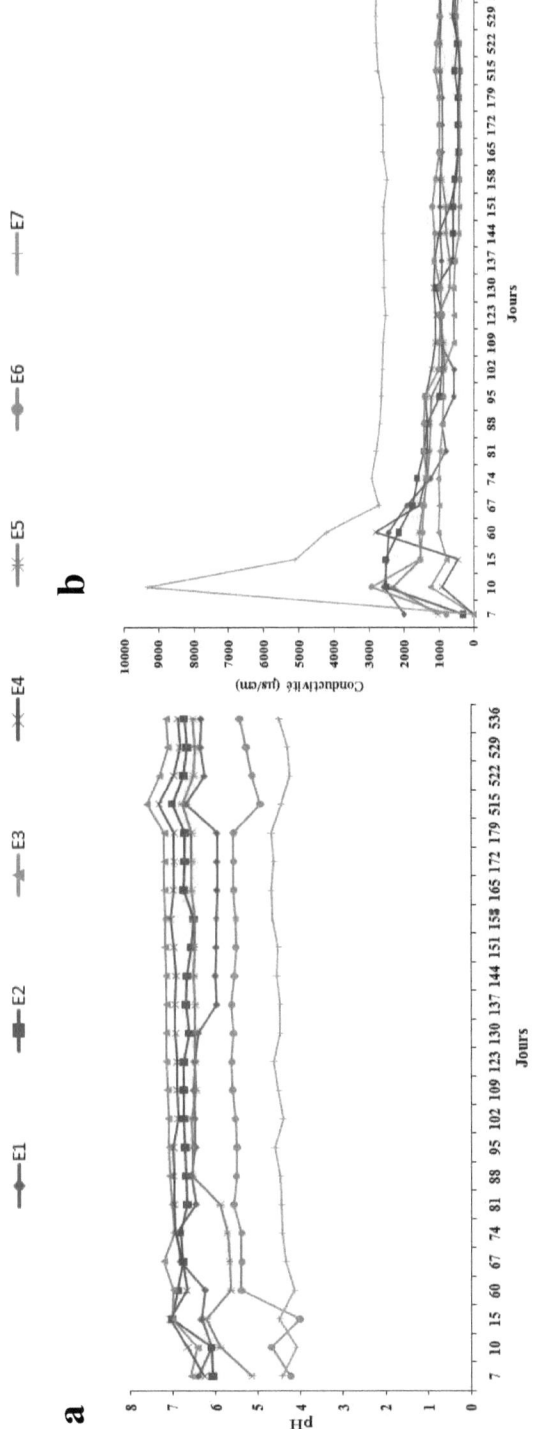

Figure IV. 5: Cinétique des mesures ponctuelles des lixiviats des sept colonnes.

(a) : pH et (b) : Conductivité électrique

117

❖ **Alcalinité**

L'alcalinité $(HCO_3^- + CO_3^{2-} + OH^-)$ est utilisée comme un indicateur de la capacité de neutralisation de l'amendement en CKD et FA. Dans la figure IV.6a, la colonne 3 occupe le niveau le plus élevé d'alcalinité (74,76 à 105,56 mg CaCO$_3$/l) suivie de la colonne 4. L'alcalinité des colonnes 5 et 6 varie peu du début de l'essai jusqu'au 179ème jour, atteignant respectivement 16,76 mg CaCO$_3$/l et 11.4 mg CaCO$_3$/l. L'alcalinité des lixiviats de la colonne 7 est très négligeable puisque leur pH est inférieur à 5 (Annexe IV.1).

Après 123 jours d'essais, l'alcalinité se stabilise à 109 mg CaCO$_3$/l pour la colonne 3, cela peut s'expliquer par la dissolution des CKD qui libèrent très rapidement des concentrations élevées en potassium, sulfates et alcalinité (Duchesne et Reardon, 1998).

❖ **Acidité**

L'acidité de la colonne 3 est généralement inférieure à 20,08 mg CaCO$_3$/l. Elle reste faible jusqu'à la fin de l'essai cinétique, ce qui indique que les processus de neutralisation de cette colonne sont plus importants que dans les autres. (Figure IV.6b).

La colonne 7, remplie de résidus miniers de Kettara, mélangés avec FA seules, produit des lixiviats acides avec des valeurs d'acidité élevées (218,75 et 177,78 mg CaCO$_3$/l). Celles-ci restent cependant faibles par rapport à celles de l'essai en cellules humides (Figure IV. 2b) (Hakkou et al., 2008b).

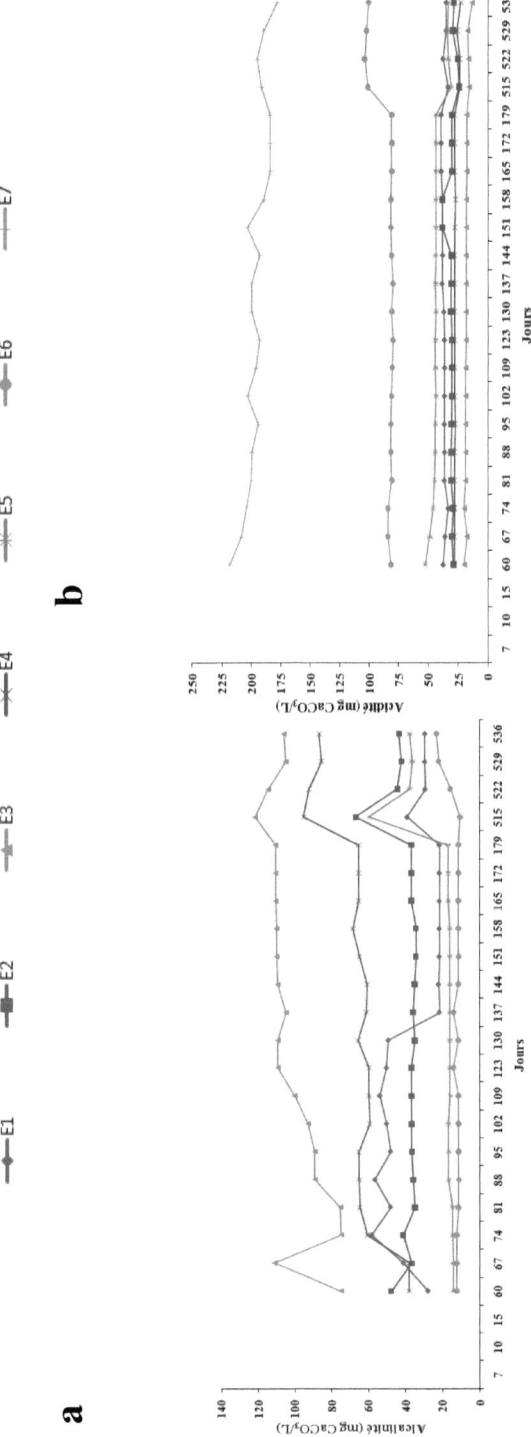

Figure IV. 6: Cinétique des mesures ponctuelles des lixiviats des sept colonnes.

(a) : Alcalinité et (b) : Acidité

119

❖ **Chimie des lixiviats**

La plus forte concentration de Ca (environ 666,9 mg/l) a été fournie par les lixiviats des colonnes 6 et 7 (15ème jour, 515ème jour).

La dissolution de la calcite ($CaCO_3$), qui est le minéral principal des CKD, peut augmenter le pH, l'alcalinité ainsi que les concentrations en Ca. Le calcium et les autres alcalis, présents dans les dissolvants, réagissent avec l'hydrogène de l'eau du DMA provoquant ainsi sa neutralisation (Ekolu et Azene, 2012). Les travaux de Lu et al., (2013) ont montré que l'utilisation des FA comme couverture a seulement abaissé les concentrations en Ca et que la couverture sèche pourrait avoir des effets tampon à long terme. Quand l'eau entre en contact avec la couverture-terreuse, les oxydes, les hydroxydes et les carbonates de Ca se dissolvent et l'alcalinité est générée.

Les concentrations en Mg pour les six essais (E1à E6) sont faibles (de 4,39 à 73,075 mg/l) (Tableau IV.1). La teneur élevée en Mg observée dans la colonne 7 (1894 mg/l) peut être liée à la chlorite ou au talc contenus dans les résidus grossiers de Kettara (Hakkou et al. 2008b). Les travaux antérieurs (Cravotta et al., 2008; Genty et al., 2008) indiquent que l'alcalinité des lixiviats et les taux de dissolution associés aux calcaires sont supérieurs d'un facteur de deux par rapport à ceux des calcaires dolomitiques.

Les concentrations en Fe, Cu, Zn, Mn et Al sont négligeables pour les sept colonnes ce qui implique la grande capacité des CKD et des FA à diminuer la solubilité de ces éléments. Les concentrations en K et Na restent faibles dans le lixiviat des sept colonnes (Tableau IV.1 et Annexe IV.2). L'addition d'une matière alcaline conduit à une réduction des concentrations de ces éléments par rapport aux résidus non amendés (Hakkou et al. 2008b). La solubilité des éléments ferriques est minimale pour un pH allant de 6 et 10; le fer ferrique est alors sous forme de colloïdes neutres $Fe(OH)_3$ capable de piéger les métaux lourds (Doye, 2005).

Ca (mg/l)

	10j	15j	172j	515j	522j	529j	536j
E1	238,4	522,4	<0,02	285	<0,02	381	452
E2	212,05	595,95	<0,02	122	<0,02	435	457
E3	451	261,15	<0,02	202	<0,02	312	342
E4	125	382,85	<0,02	107	324	340	<0,02
E5	549,35	619,1	<0,02	479	556	542	<0,02
E6	592,4	666,9	<0,02	<0,02	549	447	<0,02
E7	< LD	499,05	<0,02	614	518	436	<0,02

Fe (mg/l)

	10j	15j	172j	515j	522j	529j	536j
E1	< LD	< LD	<0,02	0,12	<0,02	0,36	0,76
E2	< LD	0,938	<0,02	0,05	<0,02	0,16	0,23
E3	< LD	< LD	<0,02	0,01	<0,02	<0,02	0,12
E4	< LD	< LD	<0,02	0,05	<0,02	<0,02	<0,02
E5	< LD	< LD	<0,02	<0,02	<0,02	<0,02	<0,02
E6	< LD	< LD	<0,02	<0,02	<0,02	<0,02	<0,02
E7	< LD	< LD	<0,02	1,2	0,73	<0,02	<0,02

K (mg/l)

	10j	15j	172j	515j	522j	529j	536j
E1	< LD	21,24	17	12,5	22	51	50
E2	< LD	20,04	11	4,37	20	41	55
E3	12.84	8,939	32	3,12	36	26	43
E4	< LD	12,26	42	0,62	12	42	42
E5	7.13	27,44	39	14,38	36	44	21
E6	< LD	25,88	10	7,5	14	32	35
E7	< LD	32,62	7	88	63	32	30

Cu (mg/l)

	10j	15j	172j	515j	522j	529j	536j
E1	< LD	< LD	<0,02	<0,02	9,81	<0,02	<0,02
E2	< LD	< LD	<0,02	<0,02	<0,02	<0,02	<0,02
E3	< LD	< LD	<0,02	<0,02	<0,02	<0,02	<0,02
E4	< LD	< LD	<0,02	0,03	0,15	0,06	<0,02
E5	< LD	< LD	<0,02	0,22	0,15	0,17	<0,02
E6	< LD	< LD	<0,02	<0,02	0,37	0,17	<0,02
E7	< LD	8.6	<0,02	<0,02	15	16	<0,02

Na (mg/l)

	10j	15j	172j	515j	522j	529j	536j
E1	< LD	31,58	14	23,82	19	17	13
E2	6,44	29,94	15	16,3	22	17	16
E3	2,633	15,83	17	18,8	22	21	17
E4	15,15	23,91	13	21	16	16	18
E5	7,83	41,75	13	19	23	17	18
E6	15.35	33,12	12	21	18	17	19
E7	< LD	50,43	4	31	24	19	14

Mg (mg/l)

	10j	15j	172j	515j	522j	529j	536j
E1	< LD	33,8	10,62	13	17,06	17,54	14,98
E2	4,39	38,57	17,73	6,41	19,14	22,5	23,78
E3	23,495	15,98	22,34	8,08	15,64	22,92	23,3
E4	< LD	34,835	34,63	7,8	22,36	34,34	34,69
E5	20,11	73,075	46,14	13,74	26,49	38,04	40,6
E6	40,26	78,1	41,8	13,91	41,19	39,23	43,57
E7	< LD	1894	73,27	95	95,51	83,9	72,35

Al (mg/l)

	10j	15j	172j	515j	522j	529j	536j
E1	< LD	< LD	<0,05	<0,05	<0,05	<0,05	<0,05
E2	< LD	1,528	<0,05	<0,05	<0,05	<0,05	<0,05
E3	< LD	< LD	<0,05	<0,05	<0,05	<0,05	<0,05
E4	< LD	1,595	<0,05	<0,05	<0,05	<0,05	<0,05
E5	< LD	1,57	<0,05	<0,05	<0,05	<0,05	<0,05
E6	< LD	2,246	<0,05	<0,05	<0,05	<0,05	<0,05
E7	< LD	367,8	<0,05	<0,05	<0,05	<0,05	<0,05

Tableau IV.1 : Cinétique des mesures ponctuelles des principaux éléments chimiques dissous dans les lixiviats.

❖ **Analyse hydraulique au laboratoire**

La perméabilité du mélange amendé (M$_2$) de 2/3 de résidus miniers et 1/3 des résidus industriels, dont 80% de CKD et 20% de FA, est de l'ordre de 4,4 x 10^{-6} cm/s. Ce mélange (M$_2$) entraine une diminution de la perméabilité des résidus miniers et la réduction de l'effet du drainage des eaux acides.

I.2.3. Synthèse des résultats

La série des sept colonnes comportant différentes proportions de CKD et de FA a montré que l'effet neutralisant est d'autant plus important que la proportion des CKD de la couche amendée est importante. En effet, la caractérisation physico-chimique des sous produits industriels a révélé la forte alcalinité des CKD par rapport aux FA (Tableau III.8 et III.13).

Les essais 6 et 7 n'ont pas permis de réduire le DMA de manière efficace, puisque leur pH demeure acide. Leur conductivité est très élevée et la durée de percolation est très courte.

La colonne 3, comportant 80% CKD et 20% FA, se distingue par un pH neutre, une conductivité et une perméabilité faibles.

Il apparait clairement que l'amendement à base des CKD seuls (E1) ou des FA seuls (E7) s'avère moins actif pour la neutralisation des lixiviats en comparaison avec leur mélange (E3).

Les expériences de terrain menées en Afrique du Sud par Ekolu et Azene (2012), sur les cendres de charbon seules, indiquent des résultats mitigés quant à leur capacité de neutralisation des résidus miniers. Amadi et Eberemu (2013) ont constaté aussi que, les sols latéritiques (Nigéria), stabilisés avec les CKD sont plus appropriés en tant que couverture pour les structures de confinement des déchets.

En confrontant l'ensemble des résultats relevant de cette étude, l'amendement avec les CKD en forte proportion (E1 à E5) par rapport aux FA (E7) entraine la neutralisation des lixiviats acides. Toutefois le mélange de 80% CKD et 20 % FA reste le plus adéquat.

Le caractère alcalin du mélange de CKD et de FA est un atout quant à leur utilisation comme amendement (Alakangas et al., 2013), leur capacité de déclencher la formation de l'ettringite et du gypse capables de co-précipiter les métaux fut prouvé (Duchesne et Reardon, 1998; Bellaloui et al. 2002).

CHAPITRE II : TESTS CINETIQUES EN COLONNES

I.1. Méthodologie des essais cinétiques en colonnes

Les essais en colonnes de lixiviation représentent le meilleur procédé capable de tester au laboratoire les scénarios de restauration des sites miniers pour prévenir le DMA par recouvrement monocouche (Bussière et al., 1997, 1999a, 2004; Dagenais, 2005; Demers 2008a; Demers et al., 2009a; Cosset, 2009), multicouche (Dagenais 2005; Demers 2008a), par ennoiement (Davé et al., 1997; Awoh , 2012), et par amendement (Doye, 2005; Zanuzzi et al., 2009; McCullough et Lund , 2011; Mauric et Lottermoser, 2011; González et al., 2012). Ces tests cinétiques en colonnes permettent une simulation des conditions de stockage et de drainage des résidus miniers. Ils peuvent fournir des résultats fiables et reproductibles quand une méthodologie rigoureuse d'installation est utilisée (Demers et al., 2011). Cet essai cinétique nécessite une grande quantité d'échantillons (15 à 50 kg environ) en relation directe avec sa densité solide, son indice des vides et sa hauteur à l'intérieur de la colonne.

Le protocole retenu dans cette étude relève des résultats l'essai préliminaire. Il consiste en une série de colonnes de lixiviation permettant de tester l'efficacité des sous produits industriels utilisés, comme amendement et/ou couverture des résidus miniers, pour la neutralisation du DMA.

Les proportions relatives des différents matériaux de l'essai préliminaire 3 (80% de CKD et 20% de FA) seront adoptées dans toutes les colonnes, ce ratio sera utilisé en tant qu'amendement et/ou couverture (Figure IV.5).

I.1.1. Dispositif expérimental retenu

Les essais cinétiques en colonnes permettent d'effectuer des essais sur de grandes quantités d'échantillons et d'évaluer au laboratoire la performance des méthodes de contrôle du DMA.

Une série de cinq colonnes ont été mises en place. Toutes les colonnes contiennent à leur base les résidus de Kettara sur une épaisseur de 40 cm. Une couche amendée d'une épaisseur de 15 et 20 cm repose directement sur ses résidus. Les différentes configurations représentées sur la figure IV.7 et Annexe IV.3 sont décrites ci-dessous :

❖ **Colonne 1 (témoin) :** Cette colonne, considérée comme témoin, contient seulement les résidus miniers de Kettara (40 cm). Elle permettra d'évaluer les effets des différents scenarios d'amendement mis en place dans les autres colonnes,

123

❖ **Colonne 2** : Elle contient les résidus miniers de Kettara (40 cm) surmontés d'une couche de 20 cm constituée de 80% de CKD et 20% de FA,

❖ **Colonne 3** : Elle comprend les résidus miniers (40 cm) surmontés d'une couche d'amendement de 20 cm constituée d'un mélange de 2/3 de résidus miniers et 1/3 de résidus industriels (80% de CKD et 20% de FA),

❖ **Colonne 4** : Constituée d'une couche de 40 cm de résidus miniers couverts par une couche d'amendement de 20 cm avec des proportions de 2/3 de résidus miniers et 1/3 des résidus industriels (80% de CKD et 20% de FA). Une couche couverture composée d'un mélange de 80% CKD et 20% FA est disposée en dernier.

❖ **Colonne 5** : Composée d'une couche de 40cm de résidus miniers, suivie par une couche de 15 cm du mélange de 2/3 de résidus miniers et 1/3 d'amendement (80% de CKD et 20% de FA), l'ensemble est couvert par une couche de 15 cm du mélange (80% CKD et 20% FA).

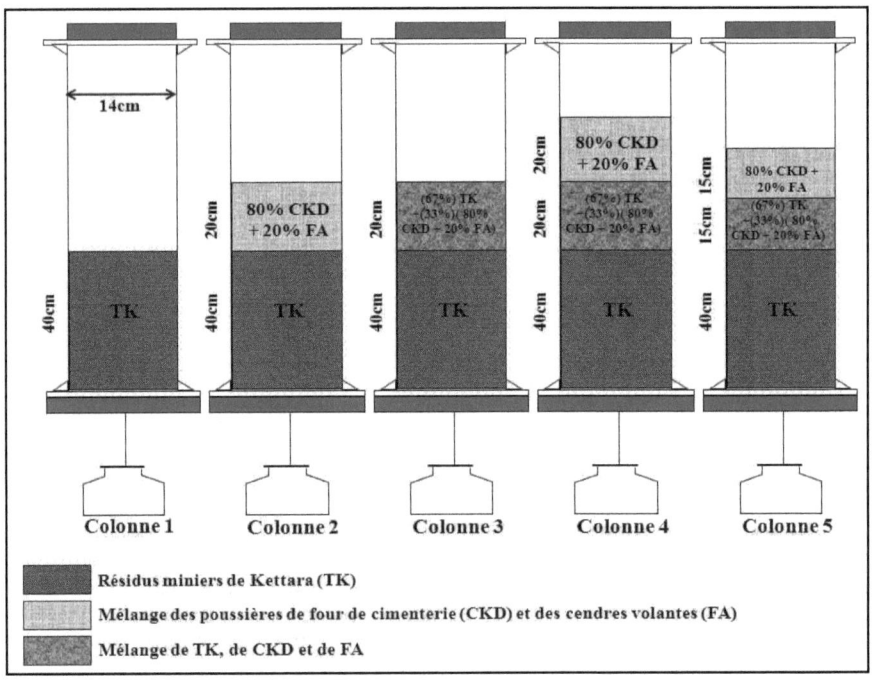

Figure IV.7 : Dispositif expérimental des essais cinétiques en colonnes.

II.1.2 Echantillonnage dans le parc à résidus miniers

Une tranchée a été excavée dans le parc à résidus de Kettara sur une profondeur de 1 m (Figure IV.8). Une variation significative de la coloration a été observée, les résidus non oxydés sont de couleur brun foncé, tandis que ceux oxydés sont jaune-orangers.

Les échantillons choisis pour les essais en colonnes correspondent à un matériau fin et oxydé qui a été récolté à environ 30 cm de profondeur.

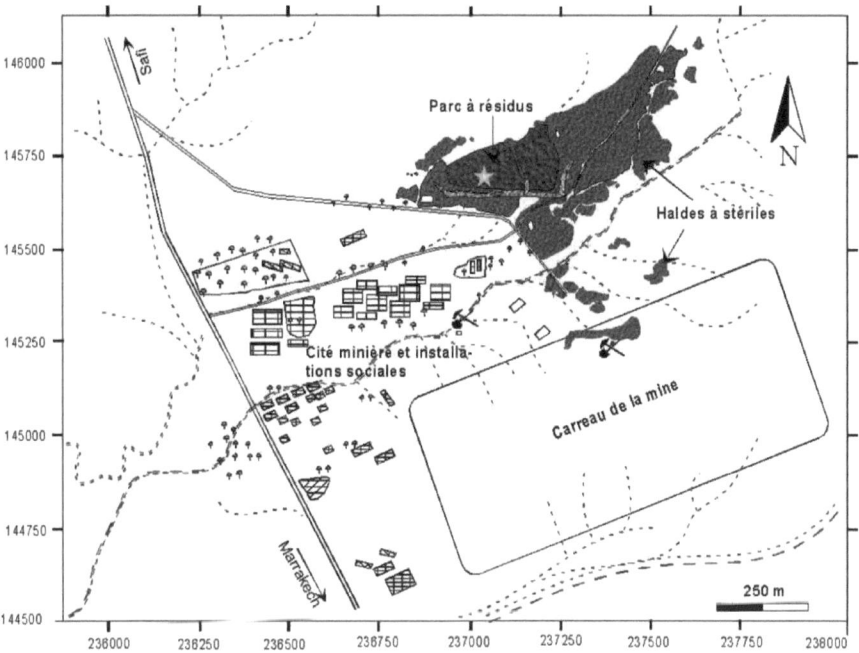

Figure IV.8 : Localisation des échantillons choisis pour l'essai cinétique en colonnes.

II.1.3. Méthode de montage des colonnes

II.1.3.1. Caractéristique et préparation des colonnes à vide

Dans le cadre de ce projet, un stage d'apprentissage des techniques de montage des colonnes a été assuré dans le laboratoire de l'équipe de Chimie des Matériaux et de l'Environnement, sous la direction du Pr. Hassan BOUZAHZAH de l'Université du Québec en Abitibi Témiscamingue (UQAT).

125

En général, les colonnes utilisées dans le test de lixiviation peuvent être en PVC, en polycarbonate (Doye, 2005), en plexiglas (Hakkou et al., 2009; Bouzahzah, 2013) ou en verre (González et al., 2012). Les dimensions de ces colonnes sont aussi variables. Leur diamètre varie de 5 à 60 cm et leur hauteur de 60 à 600 cm (MEND, 1991).

Les colonnes utilisées dans notre projet sont des colonnes en polychlorure de vinyle (PVC) de 90 cm de hauteur et 14 cm de diamètre, afin de faciliter l'incorporation des particules les plus grossières composant les stériles miniers.

La base de la colonne comporte une plaque perforée en plexiglas servant de drain (Photo IV.1b). Deux filtres juxtaposés (Photo IV.1f) en géotextile, placés directement au dessus de la plaque, permettent de filtrer le lixiviat qui s'écoulera à travers un tuyau installé à la base de la colonne (Photo IV.1i). Le lixiviat final sera recueilli dans un récipient en plastique (Photo IV.1 et Annexe IV.3).

Les principales étapes du montage des colonnes sont décrites ci-dessous :

❖ Mesure du diamètre de la base de la colonne et son report sur le géotextile pour le traçage et le découpage des deux filtres (Photo IV.1b).

❖ Collage du joint en caoutchouc (Photo IV.1d) à la base de la colonne avec de la graisse (Photo IV.1c) afin d'empêcher toute fuite d'eau de rinçage à travers les bordures de la colonne.

❖ Les deux filtres en géotextile sont déposés au dessus de la plaque perforée et sont collés à la circonférence par la graisse à base neutre (Photo IV.1e, f et g),

Afin de vérifier la parfaite étanchéité de la base de la colonne, celle-ci est remplie par de l'eau pendant au moins deux heures. Aucun signe de fuite ne doit être observé (Photo IV.1k).

❖ Le contenu des colonnes, composé d'une part d'une couche de 40 cm de TK et d'un mélange des autres matériaux, nécessite des calculs de la densité afin de connaitre la masse exacte de l'échantillon nécessaire pour occuper la hauteur souhaitée.

Photo IV.1 : Différentes étapes du montage des colonnes en PVC.

II.1.3.2. Mesure de la densité relative des matériaux utilisés

Les colonnes sont remplies par les résidus miniers TK et les sous-produits qui doivent occuper des hauteurs prédéfinies (Figure IV.5). Pour cela, des calculs de la densité des divers matériaux doivent être effectués. La densité des matériaux au sein de notre laboratoire a été mesurée en adoptant le principe d'Archimède.

A) Mesure de la densité relative des résidus miniers de Kettara (TK) :

Pour déterminer la densité des TK, on verse dans une éprouvette graduée un volume (v_1) d'eau, puis on détermine sa masse (m_1) à l'aide d'une balance de précision. On ajoute dans l'éprouvette une quantité de l'échantillon de TK (m_2) puis on note le volume (v_2) occupé par ce mélange. La densité du TK est déduite de la relation ci-dessous :

$$\text{Densité de TK } (g/cm^3) = m_2/ (v_2\text{-}v_1) = 27{,}25/ 11 = 2.48 \ g/cm^3$$

B) Mesure de la densité relative des CKD et des FA :

La densité relative des CKD et des FA a été déterminée de la même manière que celle du résidu minier.

> **Densité de CKD (g/cm^3) = m$_2$/ (v$_2$-v$_1$) =19,38 / 7 = 2,768 g/cm^3= 2,77 g/cm^3**
>
> **Densité de FA (g/cm^3) = m$_2$/ (v$_2$-v$_1$) =13,58 / 6 = 2,263 g/cm^3= 2,26 g/cm^3**

Ces densités des CKD et FA sont identiques à celles qui nous ont été fourni par l'Unité de Recherche et de Service en Technologie Minérale de l'Abitibi-Témiscamingue, Canada (Tableau IV.2) :

C) Calcul de la densité relative des mélanges (M$_1$) et (M$_2$) :

La densité relative des mélange (M$_1$) et (M$_2$) est déduite de la somme des densités des différents composants par les relations ci dessous :

> **Densité de M$_1$ (g/cm^3) = d (CKD (80%)) + d (FA (20%))**
> **= (2,77×0,8) + (2,26×0,2)**
> **= 2,67g/cm^3**

> **Densité de mélange (M$_2$) (g/cm^3) = d (M$_1$ (1/3) + d (Résidus (2/3))**
> **= (2,67×0,33) + (2,48 ×0,66)**
> **= 0,8811 + 1,6368**
> **= 2,52g/cm^3**

Echantillons	Densité relative (g/cm^3) (URSTM)	Densité relative (g/cm^3) (LGAGE)
TK	–	2,48
CKD	2,77	2,768
FA	2,26	2,263
M$_1$	–	2,67
M$_2$	–	2,52

Tableau IV.2: Valeurs des densités relatives des matériaux utilisés.

II.1.3.3. Montage final des colonnes de lixiviation :

Les valeurs de la densité relative ont été converties en masse nécessaire pour remplir la hauteur prédéfinie dans le protocole expérimental (Figure IV.9 et Annexe IV.4). Avant la mise en place des échantillons, les parois des colonnes ont été enduites de graisse afin d'éviter la formation de chemins préférentiels pour l'écoulement de l'eau ou la migration de l'oxygène. Les résidus miniers et industriels ont été déposés par couches successives de 10 cm et compactés par une masse en acier. Une fois les colonnes remplies à la hauteur convenue, le niveau de la nappe phréatique est reproduit par injection d'eau à travers le pore encollé du tube métallique jusqu'à sortie de l'eau vers le robinet ouvert. Cette simulation de la nappe phréatique à la base de la colonne sert à exercer une succion suffisante pour la récupération des lixiviats (Dagenais 2005; Ouangrawa et al. 2006; Demers 2008a; Demers et al 2009b). Cette saturation en eau est maintenue pendant 24h avant le drainage par ouverture du tuyau placé à la base de la colonne.

Les cinq colonnes dont le sommet reste exposé à l'ambiant, seront soumises à des cycles de mouillage/drainage. L'alimentation se fait par le haut de la colonne par arrosage avec 2l d'eau distillée versée progressivement.

Ce rinçage, réalisé une fois par mois, permet de reproduire le comportement et les différentes réactions entre les matériaux en période humide. L'essai cinétique en colonnes a été réalisé sur une période de 22 mois. Une modification du procédé de rinçage a été induite au 19ème cycle afin de maintenir l'homogénéisation et éviter le flux préférentiel en entrée de la colonne.

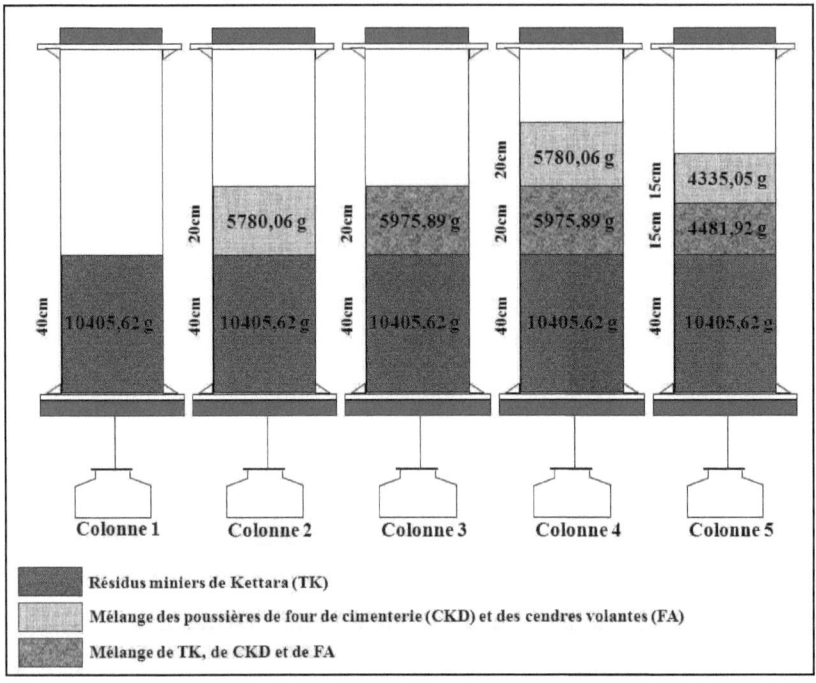

Figure IV.9 : Quantité de matériaux placés dans les colonnes (en grammes).

II.1.4. Analyses effectuées

Les échantillons des lixiviats ont été récoltés 48h après chaque arrosage. Ils sont prélevés chaque mois et feront objet d'analyse chimique.

Les échantillons destinés aux analyses électrochimiques (pH-Eh-conductivité-acidité) sont conservés dans un réfrigérateur à 4°C au maximum pendant deux semaines (méthodes APHA 2310 et 2320, 1995).

Une portion d'échantillons d'environ 20 ml est filtrée puis acidifiée jusqu'à un pH ≤ 3 afin de stabiliser les espèces métalliques en solution et éviter leur précipitation sur une période de 6 mois (méthodes APHA 3010, 1995). Ces échantillons seront stockés à environ 4°C et feront l'objet d'une analyse chimique par l'ICP-AES.

❖ **pH** a été mesuré à l'aide d'un pH-mètre type (pH/Ion 510, Bench pH meter),

❖ **Potentiel d'oxydoréduction (Eh)** a été déterminé par un appareil de type Tacussel electronique type MINI 80

❖ **Conductivité électrique (μS/cm)** a été mesurée par un conductivimètre type (con510, Bench conductivity),

❖ **Alcalinité et acidité** ont été calculées en adoptant la même procédure décrite précédemment (chapitre I). Elles sont déduites respectivement à partir du volume total de H_2SO_4 (0,02 N) et NaOH (0.02 N) utilisés par la relation suivante :

$$\text{Alcalinité (mg CaCO}_3\text{/l)} = [(A_{H2SO4} \times N) \times 50000 \text{ mg CaCO}_3\text{/l]/V}$$

$$\text{Acidité (mg CaCO}_3\text{/l)} = [(A_{NaOH} \times B) \times 50000 \text{ mg CaCO}_3\text{/l]/V}$$

❖ **Dosage des sulfates** a été effectué au laboratoire d'Ecologie et d'Environnement du département de Biologie (FSBM, Casablanca). La concentration en ions sulfates selon la norme de référence AFNOR est exprimée en milligrammes par litre en tenant compte de toute dilution lors de la mesure. L'appareillage utilisé est un spectromètre nommé VIS 72206 Ray Leigh.
Cette méthode adoptée consiste à :

1. Prélever 1 ml de chaque échantillon dans une fiole jaugée de 50 ml auquel on ajoute 24 ml d'eau distillée.
2. Ajouter 0,5 ml d'acide chlorhydrique à 10%.
3. Additionner 2,5 ml de chlorure de baryum stabilisé composé de 10 g de chlorure de baryum, 5 ml de Tween et 100 ml d'eau distillée.
4. Après agitation, laisser reposer le mélange pendant au moins 15 min.
5. Agiter à nouveau avant d'effectuer la mesure au spectromètre.

❖ **Chimie des lixiviats** Les lixiviats récoltés feront l'objet d'analyse par ICP-AES au sein des unités d'analyse du CNRST et du laboratoire de Chimie des Matériaux et de l'Environnement de la Facultés des Sciences et Techniques de Marrakech.

II.2. Résultats et discussions

Dans le but d'étudier l'efficacité d'amendement des résidus miniers de Kettara, 22 rinçages ont été réalisés lors de l'essai cinétique sur cinq colonnes. La cinétique des mesures ponctuelles des paramètres pH, Eh, conductivité, dosage des sulfates et acidité ainsi que les principaux éléments chimiques, en fonction du rinçage, est représentée dans les figures IV.8, 9 et 10. Les volumes des lixiviats qui ont été recueillis varient pour les 5 colonnes entre 700 et 1880 ml. Cette différence entre le volume d'eau ajouté (2l) et celui recueilli est causée par l'évaporation entre deux rinçages.

❖ pH et Eh :

Durant les 18 premiers cycles de rinçage, le pH est de l'ordre de 3,3 pour les colonnes 2 et 3 et de 4,3 pour les colonnes 4 et 5. Le pH le plus bas de 1,53 a été enregistré au 3ème rinçage dans la colonne 1 (témoin). Comme pour le pH, le potentiel d'oxydoréduction (Eh) montre presque la même variation pour les 4 colonnes (Colonne 2, 3, 4 et 5), Il varie entre 403 et 226 mV (Figure IV.10b). La colonne 1 se distingue toujours des autres par la valeur d' Eh la plus élevée (Annexe IV.5).

A partir du 20ème rinçage, le pH augmente progressivement notamment pour les deux colonnes 4 et 5 jusqu'à une valeur de 4, 8; les colonnes 2 et 3 suivent la même évolution mais leur pH reste plus faible. Il semble donc que, durant les premiers cycles, ni l'amendement par le mélange de CKD et de FA, ni leur disposition en couverture n'a permis d'augmenter le pH des lixiviats de manière significative.

Les colonnes 4 et 5 ont fourni les valeurs de pH les plus élevées qui sont en relation directe avec leurs fortes proportions en CKD et FA (environ 30%); celle-ci libèrent à long terme par lessivage des phases alcalines à effet neutralisant (Doye, 2005). Cette présence d'amendements alcalins et de couverture permet d'évoluer graduellement vers la neutralité du milieu.

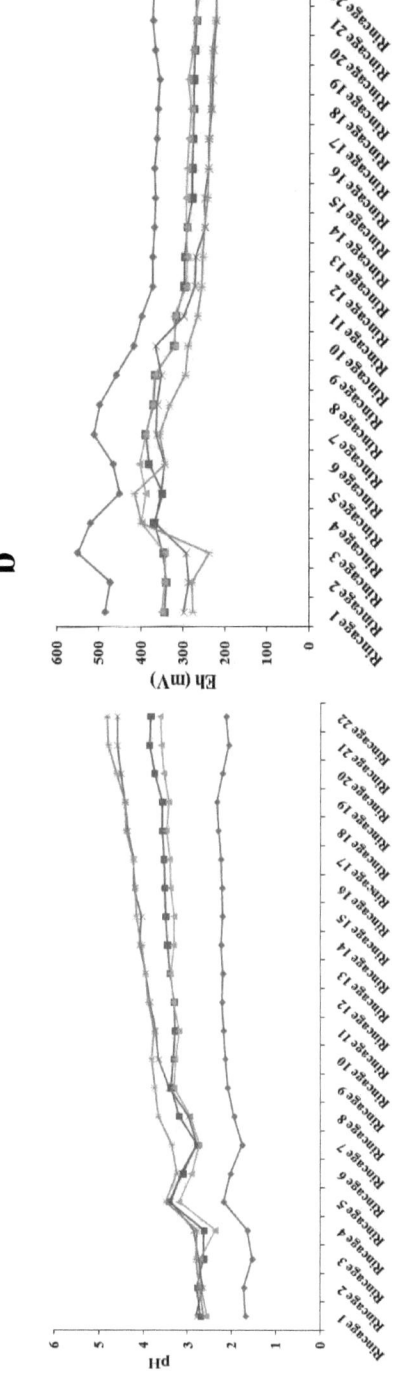

Figure IV.10 : Cinétique des mesures ponctuelles des lixiviats des cinq colonnes

(a) : pH et (b) : Eh.

❖ **Conductivité électrique :**

Pour les colonnes 2, 3 et 4, contenant le mélange de CKD et FA, la conductivité électrique est très élevée dés le début de l'essai cinétique atteignant des maximums de 18320 µs/cm pour la colonne 2, 25200 µs/cm pour la colonne 3 et 25800 µs/cm pour la colonne 4 (Annexe IV.6). Au 2ème rinçage les valeurs de la conductivité électrique chutent rapidement avec une modeste fluctuation jusqu'au 4ème rinçage pour les 4 premières colonnes (Figure IV.11a). À partir du 5ème rinçage, la réactivité augmente ce qui entraine une augmentation de la conductivité électrique des lixiviats qui se stabilise ensuite à partir du 12ème rinçage jusqu'à la fin de l'essai pour les quartes dernières colonnes.

Le diagramme de la conductivité (Figure IV.11a) montre qu'à partir du 5ème mois, les valeurs les plus élevées de la conductivité sont enregistrées dans la colonne 1 puis baissent pour les autres.

A partir du 14ème rinçage jusqu'à la fin de l'essai, les courbes de conductivités des colonnes 4 et 5 se confondent et se stabilisent autour de 3500 µs/cm. Ces colonnes qui contiennent entre 30% et 35% de sous produits, répartis en couches amendée et couverture, favorisent la réactivité et la dissolution des alcalins et diminuent l'acidité des lixiviats.

❖ **Acidité :**

Généralement, les valeurs des lixiviats des colonnes 2, 3, 4 et 5 diminuent légèrement à partir du 4ème rinçage puis se stabilisent jusqu'à la fin de l'essai cinétique (Figure IV.11b). Depuis le début jusqu'à la fin nous pouvons constater la diminution de l'acidité depuis la colonne 1 jusqu'à la colonne 5. Cette évolution est identique à celles des paramètres précédents.

L'amendement des résidus de Kettara par le mélange CKD+FA a entrainé une diminution de l'acidité comparativement aux résidus seuls de Kettara.

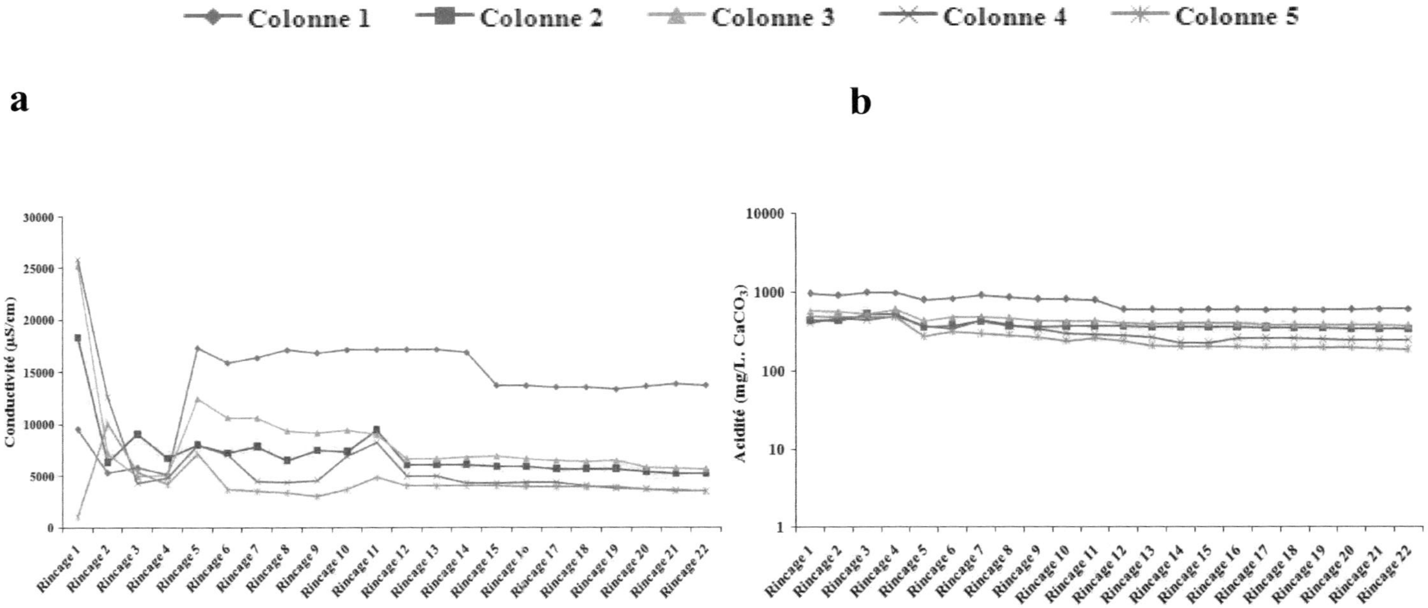

Figure IV.11 : Cinétique des mesures ponctuelles des lixiviats des cinq colonnes.
(a) : Conductivité électrique, (b) : Acidité.

❖ **Dosage des sulfates :**

Pour les 5 colonnes, on note une nette diminution des teneurs en sulfates jusqu'au $4^{\text{éme}}$ rinçage, une fluctuation jusqu'au $13^{\text{éme}}$ puis une stabilisation jusqu'au $19^{\text{ème}}$ rinçage (Figure IV.12a).

A partir du $19^{\text{éme}}$ cycle, les colonnes 5, 4, et 2 se distinguent par les teneurs les plus faibles en SO_4. Les sulfates proviendraient essentiellement de l'oxydation des minéraux sulfurés principalement la pyrrhotine et la pyrite qui sont très abondantes à Kettara. En l'absence d'O_2 et de Fe (III), l'augmentation de la concentration en SO_4 indique une dissolution des sulfates de fer (Doye, 2005).

Les travaux effectués en cellules humides (Hakkou et al., 2008b) sur les résidus grossiers de Kettara ont fourni des teneurs en sulfates variables entres 190 mg/l et 9400 mg/l alors que dans l'essai témoin (colonne 1) ces teneurs ne dépassent pas 295 mg/l et se stabilisent à la fin de l'essai à 162 mg/l. Les résidus grossiers de Kettara, par opposition aux résidus fins utilisés dans nos essais, peuvent faciliter l'accès de l'oxygène et augmenter le taux d'oxydation (Hakkou et al., 2008b). Ainsi, les sulfates associés à ces résidus grossiers vont continuer à générer de l'acidité.

❖ **Chimie des lixiviats :**

De nombreux travaux sur le DMA (SRK, 1989; Aubertin et al., 1995; Morin et Hutt, 1997a; Villeneuve et al., 2003; Bussière et al., 2004; Villeneuve, 2004) ont conclu que les premiers rinçages ne sont pas représentatifs du comportement géochimique à moyen et à long terme des matériaux étudiés.

Les concentrations de Ca de la colonne 1 dépassent ceux des quatre autres colonnes à partir du $5^{\text{éme}}$ cycle. Ces valeurs sont aussi supérieures à celles obtenues dans les tests des cellules humides (Figures IV. 3a et Hakkou et al., 2008b).

Pour les 5 colonnes, l'augmentation des concentrations de Ca entre le cinquième et le huitième rinçage est liée probablement à la lixiviation de minéraux secondaires solubles (gypse, ettringite) et de la calcite qui est le principal composant des CKD (Tableau III 10, 15).

Du $12^{\text{ème}}$ au $15^{\text{ème}}$ rinçage, on note une nette diminution des concentrations de Ca pour les colonnes 2, 3, 4 et 5 (Figure IV.12b).

Le diagramme des teneurs en Al montre que les colonnes 1 et 2 se distinguent des autres par une évolution croissante à partir du $6^{\text{ème}}$ mois. Ces teneurs dépassent celles des autres colonnes jusqu'à la fin (Figure IV.12c). Le lixiviat de la colonne 5 est le moins chargé en Aluminium.

Les teneurs en K fluctuent pour toutes les colonnes au début et à la fin des essais mais demeurent stables du 6ème au 12ème mois (Figure IV.12d).

Pour Mn et Mg le nombre d'analyses n'est pas représentatif (Annexe IV.6).

Depuis le 6ème rinçage, les teneurs les plus faibles en Cu et Zn apparaissent dans les colonnes 2, 4 et 5 (Figure IV.13a, c) bien que le pH n'atteigne pas la neutralité. Pour la colonne 1 les teneurs en Zn sont toujours inférieurs à la limite de détection.

 La diminution de Cu pourrait être dû soit à la précipitation de l'hydroxyde de Cu à pH> 5,3 (Britton, 1955) ou à l'adsorption d'une partie du Cu^{2+} sur les surfaces de la goethite dans des conditions de pH neutre (Sigg et al., 2000).

 La colonne 3 montre toujours la plus grande charge métallique en Cu, Zn et Fe (Figure IV.13c, b) qui serait liée à la dissolution de la chalcopyrite dans les résidus miniers (Hakkou et al. 2006). Cette colonne se distingue des autres par une forte concentration en fer bien qu'elle renferme une couche d'amendement. Cette concentration s'explique par le fait que la colonne 3 comprend la plus faible quantité par rapport aux matériaux alcalins. Les concentrations en fer des lixiviats sont proportionnelles à la quantité totale des résidus miniers disposés dans les colonnes (Annexe IV.7).

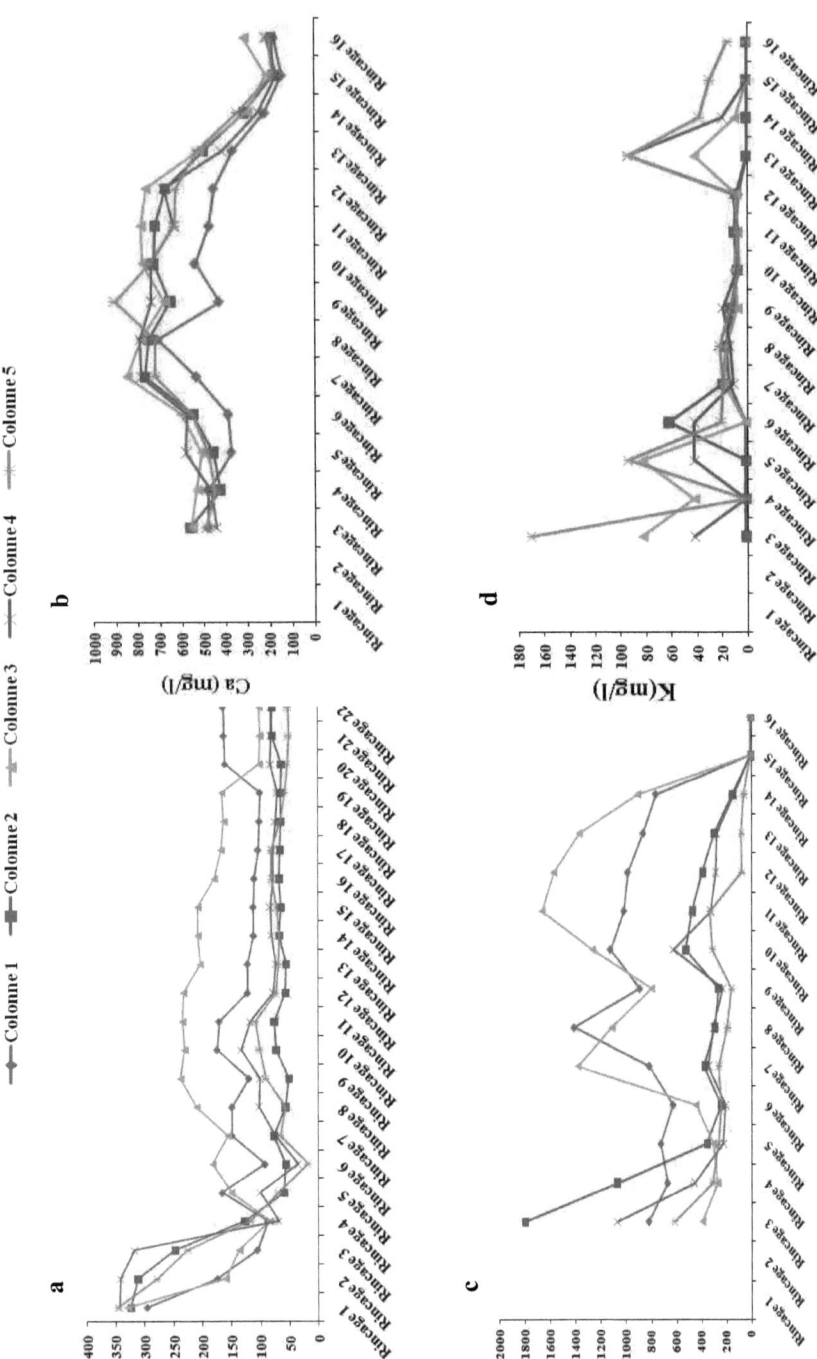

Figure IV.12 : Cinétique des mesures ponctuelles de SO₄, Ca, Al et K dans les lixiviats des cinq colonnes.

138

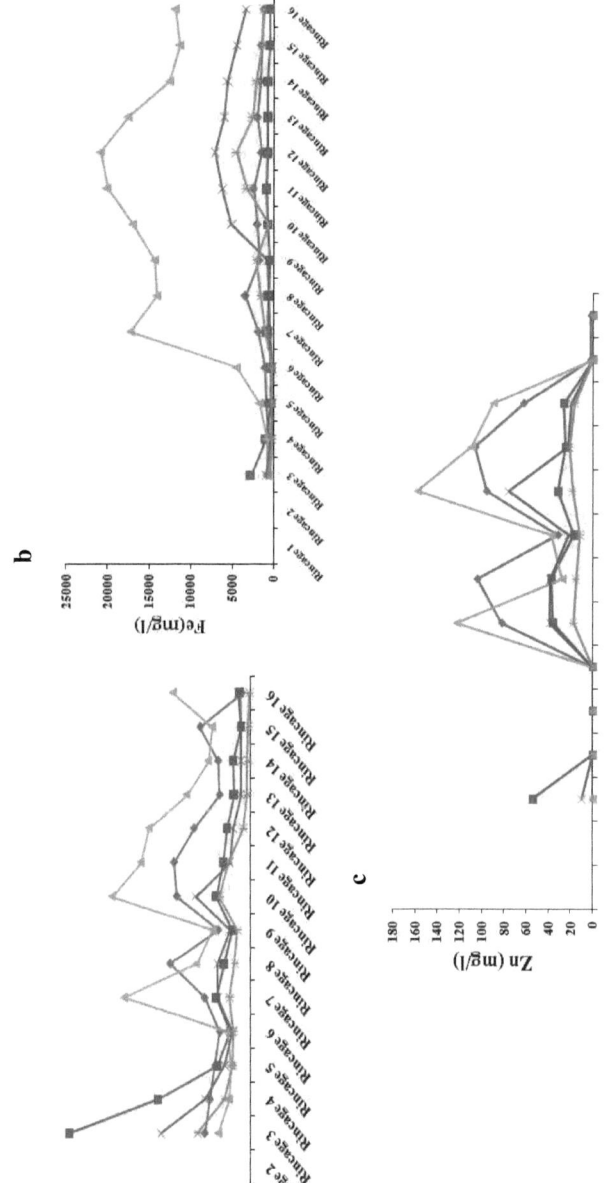

Figure IV.13 : Cinétique des mesures ponctuelles de Cu, Fe et Zn dans les lixiviats des cinq colonnes.

II.3. Synthèse des résultats

Les résultats des essais préliminaires ont révélé que l'ajout de 80% de CKD et 20% de FA aux résidus miniers de Kettara est la proportion la plus efficace pour la neutralisation du processus du DMA.

Les essais en colonnes, lancés en adoptant les pondérations relevant des essais préliminaires, ont permis de suivre sur une durée de 22 mois l'action des CKD et FA disposés en couche amendée et/ou en couverture sur la neutralisation du DMA à Kettara.

Durant l'essai une nette augmentation du pH et Eh est quasi-systématique dans les quatre colonnes par rapport à la colonne témoin. Les colonnes 4 et 5, comportant une couche d'amendement et une couche couverture, ont fourni les pH les plus élevés qui demeurent cependant acide (pH≤ 5).

De la même manière que pour le Eh, la conductivité électrique, l'acidité et le volume drainé décroissent de la colonne 1 à la colonne 5 (Annexe IV.8).

Les colonnes 2, 4, 5 abritent les plus faibles teneurs en sulfates. La baisse des teneurs en calcium des colonnes à partir du $12^{\text{éme}}$ rinçage serait en relation avec la diminution du stock de la calcite des CKD. Les teneurs en Al et K fluctuent tout au long de l'essai puis deviennent négligeables à partir du $15^{\text{ème}}$ cycle de rinçage.

Pour le cuivre et le zinc, la colonne 3 (87,84 % TK et 12,2% en CKD+FA) montre toujours la plus grande charge métallique. Ces teneurs ont tendance à s'annuler vers la fin de l'essai. La colonne 5 occupe toujours la position des basses teneurs pour le Cuivre, le Zinc et le fer. Les concentrations en fer des lixiviats sont proportionnelles à la quantité totale des résidus miniers disposés dans les colonnes (Annexe IV.7).

En analysant les quantités des différentes colonnes, il apparait clairement que le pourcentage relatif d'amendement et de résidus miniers mis en place n'a aucun effet sur la neutralisation. En effet, les colonnes 2 et 4 contiennent les mêmes ratios en résidus miniers et sous produits (Annexe IV.7) et pourtant c'est le dispositif de la colonne 4 qui s'avère le plus actif pour la neutralisation.

L'ensemble des résultats analytiques ont prouvé que c'est le dispositif de la colonne 5 (69,7% TK et 30,3 % M_1) qui a donné les résultats les plus pertinents. A ce titre, il faut signaler que la manière dont les différentes couches sont disposées joue un rôle déterminant dans la mesure où il est indispensable d'avoir une couche amendée composée de 1/3 de matériaux alcalins pour 2/3 de résidus, surmontée d'une couche couverture (80% de CKD et 20% de FA).

CONCLUSIONS GENERALES ET PERSPECTIVES

Le drainage minier acide est le plus important problème environnemental auquel fait face l'industrie minière. Pour cette raison une prédiction fiable du DMA, qui regroupe un certain nombre de méthodes de caractérisation, est obligatoire afin de déterminer le type et par conséquent, les scénarios et les techniques de restauration des sites polluants.

Puisque le phénomène de DMA ne s'arrête jamais de lui-même et qu'il a tendance à se poursuivre pendant plusieurs dizaines, voire milliers d'années, une fois déclenché, le stockage et la production de l'acidité vont donc être à l'origine de la continuité du DMA même après l'arrêt de l'oxydation des sulfures (Aubertin et al., 2002a).

La mine abandonnée de Kettara, choisie comme site pilote dans cette étude, a abrité une activité minière durant quarante ans. Cette dernière a produit environ trois millions de tonnes de résidus miniers et de stériles riches en sulfures, entreposés sur une superficie d'environ 16 ha.

La caractérisation et l'évaluation physico-chimique et minéralogique adéquates des matériaux proposés a été menée pour une meilleure connaissance des matériaux. Des essais statiques de prédiction du DMA ont été expérimentés afin de quantifier le potentiel de génération d'acide et le potentiel de neutralisation des résidus.

Plusieurs méthodes d'atténuation peuvent être proposées afin de prévenir la production de drainage minier acide, parmi lesquelles on peut citer le traitement des effluents actifs et passifs, le dépôt subaquatique, la désulfuration environnementale et l'amendement alcalin. Cette dernière méthode que nous avons utilisée, consiste à mélanger les résidus générateurs de DMA avec des matériaux alcalins, visant à atténuer l'oxydation des sulfures et à neutraliser les eaux de drainage.

Les protocoles adoptés sont basés sur l'utilisation des poussières de four de cimenterie (CKD) qui proviennent de la cimenterie Lafarge de Bouskoura, près de la ville de Casablanca et les cendres volantes (FA), issues de la Centrale Thermique de Jorf Lasfar, près de la ville d'El Jadida .Ces amendements choisis doivent proposer une méthode qui devrait être applicable et efficace à long terme pour l'atténuation du DMA dans ce site.

Les résidus miniers étudiés sont le siège du déclenchement du processus du drainage minier acide, comme en témoigne le pH acide des lixiviats entre 1,5 et 2,9. Les pH bas auront un effet sur la solubilité d'un certain nombre de métaux lourds (As, Zn, Cu, Co, Pb…) qui proviendraient des minéraux primaires contenus dans les rejets miniers. Ces résidus qui sont de taille moyenne à grossière, ont un coefficient de perméabilité relativement grand permettant ainsi un bon drainage et par ailleurs une accentuation du phénomène qui constitue une menace pour les ressources hydriques, la flore et la faune de la région.

Les CKD et les FA, considérés comme des déchets industriels, ont été choisis comme produits d'amendement et/ou de couverture dans le but de stabiliser les rejets miniers.

Les résultats relatifs aux CKD et FA ont montré que leurs lixiviats sont très basiques avec un pH variant respectivement entre 11,73 et 12,44 et entre 9,45 et 10,53. Ces rejets industriels, très imperméables, engendrent la formation d'une couche qui empêche l'infiltration des lixiviats acides et la diffusion de l'oxygène dans les résidus amendés sous-jacents.

Les essais cinétiques de neutralisation du DMA ont permis de déterminer les ratios des CKD, des FA et des résidus susceptibles de neutraliser ce phénomène par des essais préliminaires à petite échelle.

Le protocole expérimental utilisé sur des colonnes de lixiviation à petite échelle, a fourni des résultats encourageants quant à l'efficacité de l'amendement composé de 1/3 (CKD+FA) à raison de 80% de CKD et 20% de FA pour 2 /3 de TK. Une nette augmentation du pH jusqu'à une valeur 7,15 a été ainsi observée avec une diminution de la perméabilité de la couche amendée (TK+CKD+FA) par rapport au témoin comportant des résidus seuls.

À l'issu de ces essais et afin de simuler le processus de lixiviation à plus grande échelle, des tests en colonnes furent suivis pendant 22 mois. L'efficacité de la disposition des sous produits industriels comme amendement et/ou couverture des résidus miniers a été prouvé par le contrôle de l'évolution de la qualité du lixiviat.

Durant ces 22 mois, le pH a augmenté légèrement pour les colonnes qui contiennent des proportions importantes du mélange CKD et de FA supérieur à 30%, alors que leur acidité et leur conductivité ont diminué. Il est cependant intéressant de signaler que la disposition joue un rôle déterminant dans la mesure où il est indispensable d'avoir une couche amendée composée de 1/3 de matériaux alcalins pour 2/3 de résidus, surmontée d'une couche couverture (80% de CKD et 20% de FA).

L'amendement et le recouvrement des résidus de Kettara par le mélange choisi agissent plus efficacement sur l'acidité des rejets miniers en réduisant ainsi leur réactivité. Cette diminution serait due à la cimentation de la couche amendée au-dessus des résidus miniers particulièrement à la fin de l'essai cinétique.

Le bloc diagramme ci-dessous, illustre le modèle proposé dans cette étude. L'étape décisive consisterait à monter sur place des cellules de démonstration qui permettront de tester l'efficacité de ce protocole dans les conditions réelles.

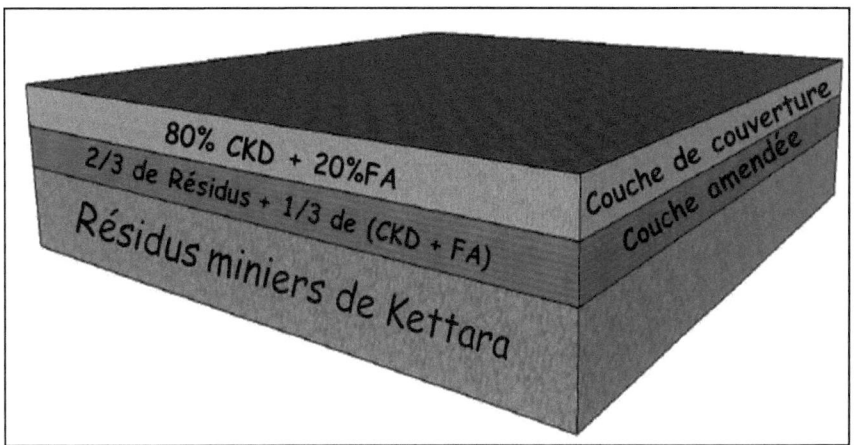

Figure V : Processus retenu pour l'atténuation du DMA dans le site de Kettra.

Plusieurs voies de recherches restent encore à améliorer pour une excellente compréhension des phénomènes impliqués dans le contrôle du DMA afin de développer des méthodes efficaces pour la restauration des parcs à résidus miniers.

De nombreux points sont encore à suivre dans le souci d'une meilleure amélioration. Nous en citons quelques uns :

- Continuer l'interprétation des cinq cycles de rinçage qui sont en voie d'analyse.
- Envisager des essais de lixiviation à court terme afin de déterminer l'efficacité de la disposition des sous produits industriels comme amendement des résidus miniers sur des colonnes à grande échelle.
- Envisager des cellules expérimentales sur le terrain afin de tester l'efficacité de cet amendement et de comprendre l'effet des conditions réelles dans le lieu de stockage.
- Poursuivre l'essai cinétique sur une troisième année, de manière à suivre l'évolution de la qualité des lixiviats à long terme.
- Allonger la durée des systèmes de traitement du DMA afin d'améliorer la viabilité des technologies de systèmes de traitement appliqués in situ.

- Mettre au point un dispositif expérimental performant pour mesurer le coefficient de diffusion de l'oxygène qui est un élément clé pour l'évaluation des performances des couvertures en tant que barrières à la diffusion de l'oxygène.

- Développer une méthode intégrant les mesures spectroradiométriques, les analyses au laboratoire, la modélisation semi-empirique et le traitement d'images de télédétection afin d'évaluer l'ampleur des dégâts environnementaux causés par les sites miniers abandonnées.

- Etablir une base de données regroupant toutes les données géostatistique, géophysique, SIG et les méthodes de neutralisation de la mine afin de faciliter l'estimation des quantités optimales et réelles avant l'application du processus de neutralisation sur terrain.

REFERENCES BIBLIOGRAPHIQUES

1. **K. Adam, A. Kourtis, B. Gazea & A. Kontopoulos,** 'Evaluation of static tests used to predict the potential for acid drainage generation at sulfide mine sites'. Transactions of the Institution of Mining and Metallurgy, section A, mining industry 106, pp.1–8. (1997)

2. **P. Adamiec, J.C. Benezet & A. Benhassaine,** 'Relation entre une cendre volante et son charbon'. Ecole des Mines d'Alès, Cedex, poudres & grains 15 (3), 35-46 (Octobre 2005), pp. 35–36. (2005)

3. **W. S. Adaska & D. H. Taubert,** Beneficial Uses of Cement Kiln Dust, 50th Cement Industry Technical Conference Record, May 19-22, 2008 IEEE/PCA, pp.12–16. (2008)

4. **L. Alakangas, E. Andersson & S. Mueller,** Neutralization/prevention of acid rock drainage using mixtures of alkaline by-products and sulfidic mine wastes. Mining and The Environment - Understanding Processes, Assessing Impacts And Developing Remediation. Environ Sci Pollut Res, pp. 9. (2013)

5. **A. A., Amadi & A. O. Eberemu,** Potential Application of Lateritic Soil Stabilized with Cement Kiln Dust (CKD) as Liner in Waste Containment Structures. Geotech Geol Eng (2013) 31, pp. 1228–1229. (2013)

6. **APHA, (American Public Health Assoc),** Alkalinity titration. In: Eaton AD, Clesceri LS, Greenberg AE (eds) Standard methods for the examination of water and wastewater, 19th edn. American Public Health Assoc, Washington, DC. (1995)

7. **J.E. Aubert,** ''Utilisation de déchets dans les bétons : Exemple des cendres volantes d'incinérateurs d'ordures ménagères''. XXIème Rencontres Universitaires De Genie Civil 2003. Prix 'Rene Houpert', pp. 13. (2003)

8. **M. Aubertin, R.P. Chapuis, M. Aachib, B. Bussière, J.F. Ricard & L. Tremblay,** 'Évaluation en laboratoire de barrières sèches construites à partir de résidus miniers'. Rapport MEND/NEDEM 2.22.2a, pp. 3-7. (1995)

9. **M. Aubertin, B. Bussière, L. Bernier, R. Chapuis, M. Julien, T. Belem, R. Simon, M. Mbonimpa, M. Benzaazoua & L. Li,** La gestion des rejets miniers dans un contexte de développement durable et de protection de l'environnement''. Congrès annuel de la Société canadienne de génie civil. Montréal, Québec, Canada, 5-8 juin 2002. Paper No.GE-045 /Article No. GE-045, pp.3. (2002)

10. **M. Aubertin, B. Bussière & L. Bernier,** 'Environnement et gestion des rejets miniers' - Manual on CD-ROM. Les Presses Internationales de Polytechnique, (2002a)

11. **A. Azza & M. Hmeurras**, 'Les minéralisations sulfurées du Maroc'. 6^{éme} congrès arabedes ressources miniers. Damas, nov. (1995)

12. **A.S. Awoh**, Étude du comportement géochimique de résidus miniers hautement sulfureux. Thèse de doctorat inédite, Université du Québec en Abitibi-Témiscamingue (UQAT), Québec, Canada. (2012)

13. **B. Baghdad**, ' Etude des impacts environnementaux et socio-économiques de la mine de plomb abandonnée de Zaida (Haute Moulouya, Maroc)'. Thèse de doctorat national. Spécialité Science de l'environnement. (2008)

14. **B. J. Baker & J. F. Banfield**, 'Microbial communities in acid mine drainage'. FEMS Microbiology Ecology, 44, 139-152. (2003)

15. **G. Ballivy, J. Rouis & D. Breton**, Use of Cement Residual Kiln Dust as Landfill Liner," Cement Industry Solutions to Waste Management, LT168, Canadian Portland Cement Association, Toronto, Ontario, Canada, (1992)

16. **E. Barodi, Y. Watanabe, A. Mouttaqi & M. Annich**, 'Méthodes et Techniques d'exploration minière et principaux gisements au Maroc': B.R.P.M. 191,192, 193p (Qalbi). (2002)

17. **A. Bellaloui, A. Tagnit-Hamou & G. Ballivy**, Comportement physico-chimique de mélanges à base de poussières de four de cimenterie et de cendres volantes. Publié sur le site Web des Presses scientifiques du CNRC à http://rcg.cnrc.ca, (2002)

18. **A. Bellaoui, A. Chtaini, G. Ballivy & S. Narasiah**, Stabilisation des résidus miniers acides à l'aide des poussières de four de cimenterie comme source basique. Colloque NEDEM, 29-30 oct 1996, Noranda, vol. 2, pp. 217–230. (1996)

19. **N. Belzile, Y.W. Chen, M.F. Cai & Y. Li**, A review on pyrrhotite oxydation. Journal of Geochemical Exploration 84, pp.65-76. (2004)

20. **A. Benkhadra**, Deuxièmes journées de l'industrie minérale sous le thème ''Le secteur minier marocain : Une dynamique socio-économique à accompagner'' Marrakech ; 13 au 15 novembre 2008 Allocution d'ouverture de Madame Amina BENKHADRA, Ministre de l'Energie, des Mines, de l'Eau et de l'Environnement. (2008)

21. **M. Benzaazoua, B. Bussière & J. Lelièvre**, Flottation non sélective des minéraux sulfurés appliquée dans la gestion environnementale des rejets miniers. 30th Canadian Mineral Processors Symposium, Ottawa, pp. 682–695. (1998)

22. **M. Benzaazoua & B. Bussière,** Desulphurization of tailings with low neutralizing potential: kinetic study and flotation modeling. Proceedings of Sudbury '99, Mining and the Environment II, vol. 1, pp. 29–38. (1999)

23. **M. Benzaazoua, B. Bussière, M. Kongolo, J. Mclaughlin & P. Marion,** 'Environmental desulphurization of four canadian mine tailings using froth flotation'. International Journal of Mineral Processing, 6: 57-74. (2000)

24. **M. Benzaazoua & M. Kongolo,** 'Physico-chemical properties of tailing slurries during environmental desulphurization by froth flotation'. International Journal of Mineral Processing, 69: 221-234. (2003)

25. **A.F. Bertocchi, M. Ghiani, R. Peretti & A. Zucca,** Red mud and fly ash for remediation of mine sites contaminated with As, Cd, Cu, Pb and Zn. Journal of hazardous materials, B134, pp. 112-119. (2006)

26. **M. A. Berubé, J. Locat, P.Gelinas & J. Y. Chagnon,** Black shale heaving at Sainte-foy. Québec. Canada, Canadian Journal of Earth Science, pp. 1774- 1781. (1986)

27. **J.I. Bhatty,** Alternative Uses of Cement Kiln Dust. Skokie: Portland Cement Association. (1995)

28. **J.I. Bhatty & H.A. Todres,** Use of Cement Kiln Dust in Stabilizing Clay Soils. Skokie, Illinois: Portland Cement Association. (1996)

29. **V. Birlea,** Rapport de synthèse sur la recherche des formations volcano-sédimentaires dans le Carbonifère du massif hercynien central du Maroc. Arch. BRPM, pp. 73. (1990)

30. **BMCI.,** Lafarge ciments, Recommandation : Renforcer à long terme, 28 février, (2007)

31. **D. Bois, P. Poirier, M. Benzaazoua, B. Bussière & M. Kongolo,** A feasability study on the use of désulphurized tailings to control acid drainage. CIM Bulletin, 98 : 78 (version complète sur le site web http://www.cim.org). (2005)

32. **M. Bordonaro,** Tectonique et pétrographie du district à pyrrhotite de Kettara (Paléozoique des Jebilet, Maroc) : Thése 3éme cycle, Strasbourg, pp. 132. (1983)

33. **M. Bordonaro,** La ceinture ibéro-marocaine. Géologie structurale du district de Kettara, thése 3éme cycle, Strasbourg. (1984)

34. **B. Bossé,** Évaluation du comportement hydrogéologique d'un recouvrement alternatif constitué de rejets calcaires phosphatés en climat semi-aride à aride. Ph.D. Diss., UQAT, Rouyn-Noranda, Canada. (2013)

35. **H. Bouzahzah,** Modification et amélioration des tests statiques et cinétiques pour une prédiction fiable et sécuritaire du drainage minier acide. Thèse de Doctorat, Université du Québec en Abitibi-Temiscamingue (UQAT). Août 2013, pp. 11-130 et 288. (2013)

36. **BRGM.,** Les résidus miniers français : Typologie et principaux impacts environnementaux potentiels. Rap. R39503, pp12-25. (1997)

37. **BRGM.,** Bibliographie préliminaire à la gestion des DMA de Rosia Poieni (Roumanie). Rap. RP50626-FR, pp. 13-33. (2000)

38. **H.T.S. Britton,** Hydrogen ions (4e édition), Chapman and Hall, London. (1955)

39. **B. Bussière, J. Lelièvre, J. Ouellet & D. Bois,** Utilisation des résidus miniers désulfurés comme recouvrement pour prévenir le DMA: analyse technicoéconomique sur deux cas réels. Proceedings of Sudbury'95, Conference on Mining and the Environment, Ed. Hynes T.P. & Blanchette M.C., Sudbury, Ontario, Vol. 1, (1995)

40. **B. Bussière, R.V. Nicholson, M. Aubertin & M. Benzaazoua,** Evaluation of the effectiveness of covers built with desulfurized tailings for preventing Acid Mine Drainage. Conférence présentée au 50e Canadian Geotechnical Conference, Ottawa, Ont., 20–22 October 1997. Canadian Geotechnical Society, Richmond, B.C. Vol. 1, pp. 17–25. (1997)

41. **B. Bussière, M. Benzaazoua, M. Aubertin, J. Lelièvre, D. Bois & S. Servant,** Valorisation des résidus miniers : une approche intégrée – Phase II. Rapport final soumis au ministère des Ressources naturelles du Québec, (1998a)

42. **B. Bussière, M. Benzaazoua, M. Aubertin & M. Mbonimpa,** A laboratory study of covers made of low-sulphide tailings to prevent acid mine drainage. Environmental Geology, 45(5), pp.609–622. (2003)

43. **B. Bussière, M. Benzaazoua, M. Aubertin & M. Mbonimpa,** A laboratory study of covers made of low-sulphide tailings to prevent acid mine drainage. Environmental Geology, vol. 45, no 5, pp. 609–622. (2004)

44. **B. Bussière & M. Aubertin,** Clean tailings as cover material for preventing acid mine drainage: an in situ experiment. Conférence présentée au Sudbury '99 Mining and the Environment II, Sudbury, Ontario, 13–17 September 1999. Edited by N.B.D. Goldstack, P. Yearwood, and G. Hall. Vol. 1, pp. 19–28. (1999a)

45. **Y. Chen, J. D. Lowenthal & M. S. Yun,** Color–magnitude relation and morphology of low-redshift ulirgs in sloan digital sky survey, The Astrophysical Journal, Vol : 712. The American Astronomical Society. All rights reserved. Printed in the U.S.A, (2010)

46. **A. Chtaini**, "Contrôle du drainage minier acide à l'aide de boues alcalines d'usines de pâtes à papiers". Thèse de doctorat és sciences appliquées (Ph.D), spécialités génie civil. Université de Sherbooke, Faculté de génie, pp. 5 – 6, 19– 28. (1999)

47. **R. J. Collins & J. J. Emery**, Kiln Dust-Fly Ash System for Highway Bases and Subbases. Federal Highway Administration Report FHWA/RD–82/167. Washington, DC: US Department of Transportation. (1983)

48. **P. Collon**, "Evolution de la qualité de l'eau dans les mines abandonnées du bassin ferrifère lorrain. De l'expérimentation en laboratoire à la modélisation in situ". Thèse de doctorat de l'I.N.P.L. Spécialité : Génie Civil - Hydrosystèmes – Géotechnique, pp 38– 43. (2003)

49. **G. Cosset**, Comportement hydrogéologique d'une couverture monocouche sur des résidus miniers sulfuruex: essais en colonne et simulations numériques. Mémoire de Maîtrise inédit en Sciences appliquées (Génie Minérale), École Polytechnique de Montréal, Québec, Canada. (2009)

50. **S. Coussy**, 'Stabilisation de rejets miniers pollués à l'arsenic à l'aide de sous-produits cimentaires : Étude de l'influence de la cristallochimie sur le risque de mobilisation des polluants'. Thèse de doctorat de Ph D, Science de l'Environnement Industriel et Urbain. L'institut national des sciences appliquées de Lyon et l'université du Québec en Abitibi Témiscamingue, (2011)

51. **C.A.III. Cravotta, S.J. Ward & J.M. Hammarstrom**, 'Downflow limestone beds for treatment of net-acidic, oxic, iron-laden drainage from a flooded anthracite mine', Pennsylvania, USA. 2. Laboratory evaluation. Mine Water Environ 27, pp.67–85. (2008)

52. **A. M. Dagenais**, Techniques du contrôle du drainage minier acide basées sur les effets capillaires. Thèse de doctorat inédite. École Polytechnique de Montréal, Université de Montréal. Montréal-UQAT, Québec, Canada. (2005)

53. **A. M. Dagenais, M. Aubertin, B. Bussière, G. Cyr & R. Fontaine**, Auscultation et suivi du recouvrement multicouche construit au site minier Loraine, Latulipe, Québec. Symposium sur l'Environnement et les mines, Rouyn-Noranda, Québec, Canada. 3-5 novembre. (2003)

54. **N. K. Davé, T. P. Lim, D. Horne, Y. Boucher & R. Stuparyk**, Water cover on reactive tailings and wasterock: laboratory studies of oxidation and metal release characteristics. Conférence présentée au 4e International Conference on Acid Rock Drainage (ICARD), May 31-June 6, Vancouver, Canada, 779-794. (1997)

55. **I. Demers, B. Bussière, M. Aachib & M. Aubertin,** Repeatability Evaluation of Instrumented Column Tests in Cover Efficiency Evaluation for the Prevention of Acid Mine Drainage. Water Air Soil Pollut, 219:113–128. (2011)

56. **I. Demers,** Performance d'une barrière à l'oxygène constituée de résidus miniers faiblement sulfureux pour contrôler la production de drainage minier acide. Thèse de doctorat inédite, Université du Québec en Abitibi-Témiscamingue (UQAT), Québec, Canada. (2008a)

57. **I. Demers, B. Bussière, M. Benzaazoua, M. Mbonimpa & A. Blier,** Preliminary optimisation of single-layer cover made of desulphurized tailings: Application to the Doyon mine tailings impoundment. Society for Mining, Metallurgy, and Exploration, SME Annual Transactions Volume 326: 21-33. (2009a)

58. **I. Demers, B. Bussière M. Mbonimpa & M. Benzaazoua,** (Oxygen diffusion and consumption in low-sulphide tailings covers. Canadian Geotechnical Journal. 46: 454–469. (2009b)

59. **DM (Direction des mines),** Panorama de l'industrie minier, Maroc. (1990)

60. **DM,** Activité du secteur minier, Année 1992. Direction des Mines. Rapp. Inédit. (1992)

61. **B. Dold & L. Fontboté,** A mineralogical and geochemical study of element mobility in sulfide mine tailings of Fe oxide Cu-Au deposits from the Punta del Cobre belt, northen Chile. Chemical Geology, 189, 135-163. (2002)

62. **I. Doye,** 'Évaluation de la capacité de matériaux industriels alcalins à neutraliser des résidus et stériles miniers acides'. Philosophiæ doctor (Ph.D.). Faculté des sciences et de génie, Doctorat interuniversitaire en sciences de la Terre, Université Laval, pp. 29– 31 et 57–67, 185. (2005)

63. **J. Duchesne & E.J. Reardon,** ''Determining controls on element concentrations in cement kiln dust leachate''. Waste Management, vol. 18, pp. 339-350. (1998)

64. **T. Earle & T. Callaghan,** Impacts of mine drainage on aquatic life, water uses, and man-made structure. , In: BRADY K.B.C., SMITH M.W., SCHUECK, J., (eds). Coal Mine Drainage Prediction and Pollution Prevention in Pennsylvania: Harrisburg, Pa., Pennsylvania Department of Environmental Protection, 5600-BKDEP2256, p. 4.1-4.10. (1998)

65. **M. El Adnani,** 'Evaluation du comportement a long terme des résidus des mines de hajjar et de Draa Sfar (Marrakech, Maroc) et de leurs impacts sur les écosystèmes avoisinants'. Thèse de doctorat. Spécialité Ecotoxicologie, pp. 13– 24. (2008)

66. **A. El Amri,** 'Etude de l'oxydation de la pyrrhotite et sa contribution dans la production de l'Acid Mine Drainage'. Application: rejet de flottation de la mine de Hajjar (Maroc). Thèse

Doctorat 3ème cycle. Université Mohammed ben Abdellah, Faculté des Sciences Dhar El Mahrez, Fes, pp. 175. (1997)

67. **M. H. El-Awady & T. M. Sami,** Removal of Heavy Metals by Cement Kiln Dust. Bulletin of Environmental Contamination and Toxicology, 59:603–610. (1997)

68. **M. L. El Hachimi,** ''Les districts miniers Aouli-Mibladen-Zeida, abandonnés dans la haute Moulouya (Maroc) : Potentiel de pollution et impact sur l'environnement''. Thèse de doctorat national. Spécialité Science de l'environnement. (2006)

69. **A. El Mandour,** Actualisation des connaissances hydrogéologiques du massif des Jebiletes, Meseta Occidentale. Thèse 3ème cycle, Université Cadi Ayyad, Marrakech, Maroc. (1990)

70. **S. El moudni El alami,** Etude de la valorisation des cendres volantes de la centrale thermique JLEC dans les ciments de Holcim Maroc, Rapport de DESA, pp. 6–12. (2005)

71. **S. EL moudni El alami & M. Monkade,** Contribution A La Valorisation des Cendres à Charbon et des Scories D'aciéries en Génie Civil. Faculté des sciences, Université chouab Doukkali EL Jadida, Soutenue le 19 juin 2010, pp. 25–27. (2010)

72. **S. O. Ekolu & F. Azene,** Emerging Concrete Material Technologies For Insitu Treatment Of Acid Mine Drainage – Issues And Limitations, Environmental Science and Technology (2012) Volume 2. American Science Press, Houston, USA, pp.27–33. (2012)

73. **V. P. Evangelou,** 'Pyrite oxidation and its control: Solution chemistry, surface chemistry, acid mine drainage (AMD), molecular oxidation mechanisms, microbial role, kinetics, control, ameliorates and limitations, microencapsulation.' (CRC Press, Inc.: Boca Raton). (1995)

74. **C. Esteyries,** Etude pétrographique, Mission Jebilet(Maroc) : Rapport interne BRPM .Inédit. (1984)

75. **F. Farcas & P. Touzé,** "La spectrométrie infrarouge à transformée de Fourier, une méthode intéressante pour la caractérisation des ciments". Bulletin des Laboratoires des Ponts et Chaussées 230, réf. 4350, pp.77– 88. (2001)

76. **J. Felenc, A. Chtouki, M. Hmeurras & K. Ouakib,** Draa Sfar (Jebilet) : Un amas sulfuré à pyrrhotine centré sur un appareil volcanique. Compilation des travaux antérieurs, cartographie de surface et interprétation. Rapp. BRGM 86 MAR 095, 30 p., 20 fig., 3 ann., 1 carte. (1986)

77. **K. D. Ferguson & K. A. Morin,** The prediction of acid rock drainage - Lessons from the data base. Second International Conference on the Abatement of Acidic Drainage, Montréal, Canada, 3, pp.83-106. (1991)

78. **M. Fournier, J. Felenc & M. Hameurass,** Un amas sulfuré à pyrrhotine en milieu sédimentaire (Jebilet, Maroc). Définition des guides de recherche. Rapp. BRGM, 86 MAR 165 : 77 p., 27 fig., 5 tabl., 9 ann. (1987)

79. **J. M. Franklin, H. L. Gibson, I. R. Jonasson & A. G. Galley,** Volcanogenic massive sulfide deposits. Economic Geology 100: 523-560. (2005)

80. **J. L. Gaillet,** Sur les relations entre les Schistes du Sarhlef et le Flysch de Kharrouba dans le massif hercynien des Jebilet (Maroc). Comptes Rendus Hebdomadaires des Séances de l'Académie des Sciences, Série D, Sciences Naturelles, 288: 791-794. (1979)

81. **A. G. Galley, M. D. Hannington & I. R. Jonasson,** A Volcanogenic massive sulphide deposits. In Goodfellow W.D. A Synthesis of Major Deposit-Types, District Metallogeny, the Evolution of Geological Provinces and Exploration Methods: Geological Association of Canada. Eds Mineral Deposits of Canada, Special Publication 5: 141-161. (2007)

82. **A. G. Galley,** Semi-conformable alteration zones in volcanogenic massive sulphide districts: Journal of Geochemical Exploration 48: 175-200. (1993)

83. **C. García, A. Ballester, F. Gonzalez & M. L. Blázquez,** Factors affecting the transformation of pyritic mailing: scaled-up column tests. Journal of Hazardous Materials, 118, pp.35-43. (2005)

84. **T. Genty, B. Bussiére, R. Potvin & M. Benzaazoua,** Neutralization of acid mine drainage in anoxic limestone drains: a laboratory study. Post-Mining 2008, Nancy, France. (2008)

85. **V. González, I. García, F. Del Moral & M. Simón,** Effectiveness of amendments on the spread and phytotoxicity of contaminants in metal–arsenic polluted soil, Journal of Hazardous Materials, pp 74-78. **(2012)**

86. **G. Q.,** Gouvernement du Québec, Guide provisoire d'interprétation et d'application du Règlement sur l'évacuation et le traitement des eaux usées des résidences isolées, Dernière mise à jour : 2003-06-20, pp. 11-13. (2002)

87. **M. R. Gunsinger, C. J. Ptacek, D. W. Blowes & J. L. Jambor,** Evaluation of long-term sulfide oxidation processes within pyrrhotite-rich tailing, Lynn Lake, Manotoba. Journal of Contaminant Hydrology, 83, 149-170. (2006b)

88. **K. M. Haase, S. Petersen, A.Koschinsky, R. Seifert, C. W. Devey, R. Keir, K.S. Lackschewitz, B. Melchert , M. Perner, O. Schmale, J. Süling, N. Dubilier, F. Zielinski, S. Fretzdorff, D. Garbe-Schönberg, U. Westernströer, C. R. German, T.M. Shank, D. Yoerger, O. Giere, J. Kuever, Marbler, J. Mawick, C. Mertens, U. Stöber, M. Walter, C. Ostertag-Henning, H. Paulick, M. Peters, H. Strauss, S. Sander, J. Stecher, M. Warmuth**

& S. Weber, Young Volcanism And Related Hydrothermal Activity At 5°S On The Slow-Spreading Southern Mid- Atlantic Ridge. Geochemistry, Geophysics, Geosystems 8: 1525-2027. (2009)

89. R. Hakkou, M. Benzaazoua & B. Bussière, Environmental Characterization of The Abandoned Kettara Mine Wastes (morocco). Post-Mining Symposia, Nancy, France. GISOS, 16-18 November 2005, pp. 2–8. (2005)

90. R. Hakkou, M. Benzaazoua & B. Bussière, Evaluation de la qualité des eaux de ruissellement dans la mine abandonnée de Kettara (Maroc). Congrès International sur le thème: Gestion intégrée des ressources en eaux et defis du developpement durable (GIRE3D), Marrakech, 23–25 mai, pp. 1–5. (2006)

91. R. Hakkou, M. Benzaazoua & B. Bussière, Acid Mine Drainage at the Abandoned Kettara Mine (Morocco): 1.Environmental Characterization, Mine Water Environ 27:145–159. pp. 5–8. (2008a)

92. R. Hakkou, M. Benzaazoua & B. Bussière, Acid Mine Drainage at the Abandoned Kettara Mine (Morocco) : 2. Mine Waste Geochemical Behavior, Mine Water Environ 27:160–170. pp. 3-10. (2008b)

93. R. Hakkou, M. Benzaazoua & B. Bussière, Laboratory evaluation of the use of alkaline phosphate wastes for the control of acidic mine drainage. Mine Water Environ 28:206–218, pp 3-11. (2009)

94. M. D. Hannington, C.T. Barrie & W. Bleeker, The giant Kidd Creek volcanogenic massive sulfide deposit, western Abitibi Subprovince, Canada: Preface and Introduction: Economic Geology, Monograph 10, pp 1-30. (1999)

95. R. M. Haymon, Growth history of hydrothermal black smoker chimneys. Nature 301: 695-698. (1983)

96. R. M. Haymon & M. Kastner, Hot spring deposits on the East Pacific Rise at 21°N: Preliminary descriptions of mineralogy and genesis. Earth Planet. Science Lett. 53: 363. (1981)

97. B. Haynes & G. Kramer, Characterization of U.S. CKD. Bureau of Mines Information Circular (IC) 8885, U.S. Department of Interior. Bureau of Mines. Office of Assistant Director. Washington, D.C.: Minerals and Materials Research. (1982)

98. M. Hibti, Les amas sulfurés des Guemassa et des Jebilet (Meseta sud-occidentale, Maroc): Témoin de l'hydrothermalisme précoce dans le bassin mésétien. Thèse doct. d'état, Univ. Cadi Ayyad, Marrakech (Maroc), option géologie, pp.317-320. (2001)

99. M. Hmeurras, 'Les amas sulfurés au Maroc : mines, géologie et énergie'. N° 56. Rabat. p 15-19, 27-30. (1997)

100. H. Hollard, Le Dévonien du Maroc et du Sahara nord occidental. Int.Sympos. Devonian Syst., Calgary, 1967, vol. 1. publ. Alberta Soc . Pé. Rol. Geol., pp. 203-244. (1967)

101. P. Huvelin & J.C. Viland, Les filons de barytine de la région d'Imigdal dans la vallée du Nfis (Haut Atlas occidental) .C.R. annuel 1975, Rapp. inéd. Serv.Et. Gîtes minér. Rabat, pp.10-23. (1976)

102. P. Huvelin, Etude géologique et gîtologique du Massif hercynien des Jebilet (Maroc occidental). Notes et mémoires du service géologique du Maroc. n°232 bis. (1977)

103. M. Jaffal, N. El Goumi, M. Hibti, A. Adama Dairou, A. Kchikach & A. Manar, Interprétation des données magnétiques du chapeau de fer de Laachach (Jebilets centrales, Maroc): Implications minières. Estudios Geol., 66(2), 171-180, julio-diciembre 2010, pp. 175. (2010)

104. J. L. Jambor & D. W. Blowes, Theory and application of mineralogy in environmental of sulfide-bearing mine wastes. In modern approachs to Ore and Environmental Mineralogy (Cabri L.G. and Vaughan D.J. Eds). Mineralogical Association of Canada, Short Course, 27, 367-402. (1998)

105. J. Jankowski, C. R. Ward, D. French & S. Groves, Mobility of trace elements from selected Australian fly ashes and its potential impact on aquatic ecosystems. Fuel 85, 243–256. (2006)

106. M. P. Janzen, R.V. Nicholson & J. M. Scharer, Pyrrhotite reaction kinetics: reaction rates for oxidation by oxygen, ferric iron, and for nonoxidative dissolution. Geochimica et Cosmochimica Acta, 64(9), pp 1511-1522. (2000)

107. J. M. Kanda Ntumba, 'Etude de la flottabilité de la malachite à l'aide de l'amylxanthate de potassium et des acides gras.Cas d'étude : Flottation du minerai oxydé de Kamfundwa au Katanga en RD Congo'. Docteur en Sciences de l'Ingénieur, Universite De Liege, Faculte Des Sciences Appliquees, (2012)

108. O. S. Khanna, 'Characterization and Utilization of Cement Kiln Dusts (CKDs) as Partial Replacements of Portland Cement', the degree of Doctor of Philosophy. Department of Civil Engineering, University of Toronto, (2009)

109. R. L. P. Kleinmann, D. A. Crerar & R. R. Pacelli, Biochemistry of Acid Mine Drainage et a Method to Control Acid Formation Mining Engineering, pp 300-305. (1981)

110. **K. Lappako & R.W. Lawrence,** Modification of the net acid production (NAP) test. Seventeenth Annual British Columbia Mine Reclamation Symposium, Port Hardy, British Columbia, May 4 to 7, pp.145-159. (1993)

111. **K. A. Lapakko, D. A. Antonson & J. R. Wagner,** Mixing of limestone with finely-crushed acid-producing rock. In: Proceedings of the Fourth International Conference on Acid Rock Drainage, Vol II, pp. 953-970, Vancouver, BC. (1997)

112. **K. A. Lapakko, D. A. Antonson & J. R. Wagner,** Mixing of limestone with finely-crushed acid-producing rock. In: Proceedings of the Fifth International Conference on Acid Rock Drainage, Vol II, pp. 901-910, Denver, Colorado. (2000)

113. **R.W. Lawrence & Y. Wang,** Determination of neutralization potential in the prediction of acid rock drainagek, In: Proceedings of 4th ICARD, vol I, Vancouver, pp. 451-464. (1997)

114. **R. Lefebvre, D. Hockley, J. Smolensky & A. Lamontagne,** Multiphase transfer processes in waste rock piles producing acid mine drainage: 2. Applications of numerical simulation. J Contam Hydrol 52:165–186. (2001)

115. **L. Lei & R. Watkins,** Acid drainage reassessment of mining tailings, Black Swan Nickel Mine, Kalgoorlie, Western Australia. Applied Geochemistry, 20, 661-667. (2005)

116. **M. Lghoul, A. Maqsoud, R. Hakkou & A. Kchikach,** Hydrogeochemical behavior around the abandoned Kettara mine site, Morocco. Journal of Geochemical Exploration, (2013)

117. **M. Lghoul, A. Kchikach, R. Hakkou, L. Zouhri, R. Guérin, H. Bendjoudi, T. Teíxido, JA. Penã, L. Enriqué, M. Jaffal & L. Hanich,** Etude géophysique et hydrogéologique du site minier abandonné de Kettara (région de Marrakech, Maroc) : Contribution au projet de réhabilitation. Hydrolog Sci J 57:1–12. (2012b)

118. **M. Lghoul, T. Teíxido, JA. Penã, R. Hakkou, A. Kchikach, R. Guérin, M. Jaffal & L. Zouhri,** 'Electrical and Seismic Tomography Used to Image the Structure of a Tailings Pond at the Abandoned Kettara Mine, Morocco'. Mine Water Environ, pp. 3. (2012a)

119. **J. Lions,** Étude hydrogéochimique de la mobilité de polluants inorganiques dans des sédiments de curage mis en dépôt: expérimentations, études in situ et modélisation, Thèse de doctorat. École Nationale Supérieure des Mines de Paris. France 248p. (2004)

120. **J. Lu, L. Alakangasa, Y. Jia & J. Gotthardsson,** Evaluation of the application of dry covers over carbonate-rich sulphide tailings, Journal of Hazardous Materials, 244– 245 (2013), pp 180– 194. (2013)

121. J. W. Lydon, Characteristics of volcanogenic massive sulfide deposits: Interpretations in terms of hydrothermal convection systems and magmatic hydrothermal systems: Instituto Tecnologico Geominero de Espana, Boletin geologico y minero 107: 15-64. (1996)

122. J. W. Lydon, Ore deposit models: 14. Volcanogenic massive sulfide deposits: Part 2. Genetic models. Geoscience Canada 15: 43-65. (1988)

123. J. W. Lydon, Volcanic massive sulphide deposits. Part I: A descriptive model. Geoscience Canada, vol. 11. Pp. 195-202. (1984)

124. J. Machault, 'Paramètres minéralogiques et microtexturaux utilisables dan s les études de traçabilité des minerais métalliques'. Thèse de doctorat Sciences de la Terre et de l'Atmosphère (Ph.D). Université d'Orléans, Institut des Sciences de la Terre d'Orléans, pp. 105- 120. (2012)

125. A. L. Mackie, Feasibility study of using cement kiln dust as a chemical conditioner in the treatment of acidic mine effluent, Submitted in partial fulfilment of the requirements for the degree of Master of Applied Science at Dalhousie University, Halifax, Nova Scotia. July 2010, Department of Civil and Resource Engineering, pp. 20. (2010)

126. A. Mauric & B. G. Lottermoser, Phosphate amendment of metalliferous waste rocks, Century Pb–Zn mine, Australia: Laboratory and field trials, Applied Geochemistry 26. (2011)

127. C. D. McCullough & M. A. Lund, Bioremediation of Acidic and Metalliferous Drainage (AMD) through organic carbon amendment by municipal sewage and green waste, Journal of Environmental Management 92. (2011)

128. MEND, Acid Rock Drainage Prediction Manual. MEND Project 1.16.1b, report by Coastech Research. MEND, Natural Resources Canada. (1991)

129. MEND, MEND Manual. Report 5.4.2. Vol 1 à 5. (2001)

130. P. E. Mehling, S. J. Day & K. S. Sexsmith, Blending and layering waste rock to delay, mitigate or prevent acid generation: a case review study. In: Proceedings of the Fourth International Conference on Acid Rock Drainage, Vol II, pp. 951-969, Vancouver, BC. (1997)

131. R. Mermillod-blondin, M. Kongolo, P. De Donato, M. Benzaazoua, Barrès O., B. Bussière & M. Aubertin, Pyrite flotation with xanthate under alkaline conditions-application to environmental desulfurization. Centenary of Flotation Symposium, Brisbane, QLD, 6-9 June 2005. (2005)

132. A. Michard, Element de géologie marocaine : Notes et mém. Serv. Géol. Maroc, No.252, 194 p. (1976)

133. **S. D. Miller, J. J. Jeffery & J. W. C. Wong,** 'Use and misuse of the acidbase account for ''AMD'' prediction'. In: Proceedings of the 2nd international conf on the abatement of acidic drainage, Montreal, Canada, vol 3, CANMET, Ottawa, 489–506. (1991)

134. **K. A. Morin & N. M. Hutt,** 'Environmental Geochemistry of Minesite Drainage: Practical Theory and Case Studies.' (MDAG Publishing, Vancouver, Canada.). pp.33. (1997a)

135. **E. Mylona, A. Xenidis & I. Paspaliaris,** Inhibition of acid generation from sulphidic wastes by the addition of small amounts of limestone. Minerals engineerings, 13, 1161-1175. (2000)

136. **M. Nehdi & A. Tariq,** 'Evaluation of sulfi dic mine tailings solidifi ed/stabilized with cement kiln dust and fl y ash to control acid mine drainage'. Copyright 2008, Society for Mining, Metallurgy, and Exploration, Inc. Inerals & Metallurgical Processing. Vol. 25, pp. 190. (2008)

137. **S. Nfissi, Y. Zerhouni, M. Benzaazoua, S. Alikouss, A. Chtaini, R. Hakkou & M. Samir,** Caractérisation des résidus miniers des mines abandonnées de Kettara et de Roc Blanc (Jebilet centrales, Maroc). Ann. Soc. Géol. du Nord., T. 18 (2ème série), p. 43-53. (2011)

138. **V. R. Nicholson, W. Ghillham, A. J. Cherry & J. E. Reardon,** Reduction of acid generation in mine tailings throuth the use of moisture-retaining cover layers as oxygen barriers, Canadian Geotechnical. Journal. 26, pp. 1-8. (1989)

139. **M. O'kane, G. W. Wilson, Barbour S.L. & D. A. Swanson,** Aspects on the Performance of the Till Cover System at Equity Silver Mines Ltd. Conference on Mining and the Environment, Sudbury, Ontario, pp. 565-573. (1995)

140. **M. Ouangrawa, J. W. Molson, M. Aubertin, G. Zagury & B. Bussière,** The effect of water Table elevation on acid mine drainage from reactive tailings: a laboratory and numerical modeling study. Communication présentée à la 7e International Conference on Acid Rock Drainage (ICARD), St.Louis, Mo., 26–30 March 2006. Edited by R.I. Barnhisel. American Society of Mining and Reclamation, Lexington, Ky. pp. 1473–1482. (2006)

141. **O. Ouakibi, S. Loqman, R. Hakkou & M. Benzaazoua,** The Potential Use of Phosphatic Limestone Wastes in the Passive Treatment of AMD: A Laboratory Study, Mine Water and the Environment (Journal of the International Mine Water Association (IMWA)), pp.5-10. (2013)

142. **R. Oufline,** 'L'environnement des mines abandonnees situees dans le bassin versant du tensift Cas de la mine de Sidi Bou othmane'. Diplômes d'Etudes Supérieures Approfondies (DESA). (2006)

143. **ONEM (Observatoire Nationale de l'Environnement du Maroc),** 'Monographie locale de l'environnement de la ville de Marrakech'. Etude re´alise´e pour le compte de la Wilaya de Marrakech. (1997)

144. **ONEP (Office National de l'eau Potable),** Norme marocaine relative à la qualité des eaux d'alimentation humaine. (1993)

145. **S. Peethamparan, J. Olek & J. Lovell,** Influence of chemical and physical characteristics of cement kiln dusts (CKDs) on their hydration behavior and potential suitability for soil stabilization. Cement and Concrete Research, 38: 803–815. (2008)

146. **R. Pérez-López, J. M. Nieto & G. R. Almodóvar,** Immobilization of toxic elements in mine residues derived from mining activities in the Iberian Pyrite Belt (SW Spain): Laboratory experiments. Applied Geochemestry, 22, 1919-1935. (2007)

147. **R. Pérez-López, J. M. Nieto & G. R. Almodóvar,** The use of alkaline residues for the inhibition of acid mine drainage processes in sulphide-rich mining wastes. In: Proceedings of the 9th International mine water congress (IMWA 2005), Oviedo, Spain. (2005)

148. **S. Perkins,** New type of hydrothermal vent looms large. Science News 160: 21. (2001)

149. **A. Pigaga, R. Juskenas, D. Virbalyte, M. G. Klimantaviciute &V. Pakstas,** The use of cement kiln dust for the removal of heavy metal ions from aqueous solutions. Trans Inst met Finish 83(4):210-214. (2005)

150. **A. Piqué,** Géologie du Maroc : Les domaines régionaux et leur évolution structurale : Edit .Pumag, pp.284. (1994)

151. **M. Plante,** Comparaison des essais statiques et évaluation de l'effet de l'altération pour des rejets de concentrateur à faible potentielde génération d'acide. Mémoire de maîtrise, École Polytechnique de Montréal, pp.241. (2004)

152. **G. Pouit,** Les gisements à sulfures massifs exhalatifs sédimentaire une mise au point sur leur classification et la méthodologie de leur recherche. Chron. Rech. Min., n° 476, pp.31-34. (1984)

153. **L. C. Ram & R. E. Masto,** 'An appraisal of the potential use of fly ash for reclaiming coal mine spoil', Journal of Environmental Management 91 (2010) 603–617. (2010)

154. **L. C. Ram, P. S. M. Tripathi & S. P. Mishra,** Moessbauer spectroscopic studies on the transformations of Fe-bearing minerals during combustion of coal: correlation with fouling and slagging. Fuel Processing Technology 42, 47–60. (1995)

155. **L. C. Ram,** Moessbauer spectroscopic and gamma radiolytic studies of some indian coals. PhD thesis, Banaras Hindu University, Varanasi, India. (1992)

156. N. Rafai, ''Les composants de la matrice cimentaire (Rappels et interactions)''. Laboratoire d'étude et de recherches sur les matériaux. Lerm (Arles), France, pp.62. (2008)

157. E. J. Reardon, C. A. Czank, C. J. Warren, R. Dayal & H. M. Johnston, Determining controls on element concentrations in fly ash leachate. Waste Management & Research, vol. 13, pp. 435-450. (1995)

158. S. Robertson & B. C. Kirsten, Guide technique sur le drainage rocheux acide. Rapport du groupe de travail sur le drainage minier acide de la Colombie-Britanique, vol. 1, 136p. (1989)

159. E. Roch, Description géologique des montagnes à l'Est de Marrakech. Notes et M. Serv. Mines et carte géol. Maroc, n°51, 433p. (1939)

160. S. Rhouzlane, ''Conception et caractérisation géotechnique des barrières environnementales à base de poussières de four de cimenterie et de cendres volantes''. Thèse de doctorat ès sciences appliquées (Ph.D.).spécialité: génie civil, (1997)

161. C. Sadik, I. El Amrani & A. Albizane, 'Influence de la nature chimique et minéralogique des argiles et du processus de fabrication sur la qualité des carreaux céramiques. MATEC Web of Conferences 2, 01016, pp.4. (2012)

162. F. J. Sawkins, Metal deposits related to intracontinental hotspot and rifting environments. J. Geol., 84: 653-671. (1976)

163. A. Schippers, D. Kock, M. Schwartz, M. E. Böttcher, H. Vogel & M. Hagger, Geomicrobiological and geochemical investigation of a pyrrhotite-containing mine waste tailings dam near Selebi-Phikwe in Botswana. Journal of Geochemical Exploration, 92, 151-158. (2007)

164. M. O. Schrenk, K.J. Edwards, R.M. Goodman, R.J. Hamers & J.F. Banfield, Distribution of Thiobacillus ferrooxidans and Leptospirillum ferrooxidans: Implication for generation of acid mine drainage. Science, 279, pp.1519-1522. (1998)

165. S. Seoane & M. C. LeirÓs, Acidification–neutralization processes in a lignite mine spoil amended with fly ash or limestone. Journal of Environmental Quality 30, 1420–1431. (2001)

166. L. Sigg, P. Behra & W. Stumm, 'Chimie des milieux aquatiques. Chimie des eaux naturelles et des interfaces dans l'environnement', $3^{e\,\text{éd}}$. Dunod, Paris, 567 p. (2000)

167. R. H. Silitoe, Envirennement of formation of volcamog enic massive sulphide Desposits. Econ. Geo., vol.68.pp.1321-1325. (1973)

168. P. C. Singer & W. Stumm, Acidic Mine drainage: The rate determining step. Science 167 (3921), pp. 1121-1123. (1970)

169. **R.M. Smith, W.E. Grube, T. Arkle & A. Sobek,** Mine Spoil Potentials for Soil and Water Quality. U.S. Environmental Protection Agency, Cincinnati, Ohio, EPA-670/2-74-070, 303p. (1974)

170. **A. A. Sobek, W. A. Schuller, J. R. Freeman & R. M. Smith,** Field and laboratory methods applicable to overburdens and minesoils, EPA-600/2-78-054, U.S. Gov. Print. Office, Washington, DC. (1978)*

171. **O. Sracek, M. Choquette, P. Gelinas, R. Lefebvre & RV. Nicholson,** Geochemical characterization of acid mine drainage from a waste rock pile, Mine Doyon, Quebec, Canada. J Contam Hydrol 69, 45–71. (2004)

172. **A. Sreekrishnavilasam, S. King & M. Santagata,** Characterization of fresh and landfilled cement kiln dust for reuse in construction applications. Engineering Geology, 85:165–173. (2006)

173. **SRK,** (Steffen, Robertson and Kristen), Draft acid rock drainage. Technical Guide Vol. 1, British Columbia Acid Mine Drainage Task Force Report, Association with Norecol Environmental Consultants and Gormely Process Engineering. (1989)

174. **H. Todres, A. Mishulovich & J. Ahmad,** Cement Kiln Management: Permeability. Skokie, IL: Portland Cement Association. (1992)

175. **USEPA,** 'Technical Document, Acid Mine Drainage Prediction'. EPA 530-R-94-036 NTIS PB94-201829, 53p. (1994a)

176. **H. A. Van der Sloot, J. Wijkstra, A.V. Dalen, H.A. Das, J. Slanina, J. J. Dekkers & G. D. Walls,** Leaching of Trace Elements from Coal Solid Wastes. The Netherland Energy Research Foundation. ECN-120. (1982)

177. **M. Villeneuve,** 'Évaluation du comportement géochimique à long terme de rejets miniers à faible potentiel de génération d'acide à l'aide d'essais cinétiques'. Mémoire de maîtrise, École Polytechnique de Montréal. (2004)

178. **M. Villeneuve, B. Bussière, M. Benzaazoua, M. Aubertin & M. Monroy,** The influence of kinetic test type on the geochemical response of low acid generating potential tailings. Tailings and Mine Waste '03, Vail, CO. Sweets & Zeitlinger, Lisse, pp. 269-279. (2003)

179. **B.A. Wills,** Mineral processing technology – An introduction to the Practical Aspect of Ore treatment and mineral recovery. 6th Edition, Butterworth Heinemann. (1997)

180. **M. WILSON,** Igneous petrogenesis. Chapman & Hall. London, pp 466. (1993)

181. **WRAP (Waste & Resources Action Programme),** Use of recycled gypsum in road foundation construction, Plasterboard technical report. (2007)

182. **M. B. Yeheyis, J. Q. Shang & E. K. Yanful,** Characterization and environmental evaluation of Atikokan coal fly ash for environmental applications. Journal of environmental engineering and science, 7, pp 481–498. (2008)

183. **M. B. Yeheyis, J. Q. Shang & E. K. Yanful,** ''Long-term evaluation of coal fly ash and mine tailings co-placement: A site-specific study''. Journal of Environmental Management 91 (2009) 237–244. Department of Civil and Environmental Engineering, the University of Western Ontario, London, Ontario, Canada, pp 240 – 241. (2009)

184. **A. Zanuzzi, J. M. Arocena, J. M. Van Mourik & A. Faz Cano,** Amendments with organic and industrial wastes stimulate soil formation in mine tailings as revealed by micromorphology. Geoderma. (2009)

185. **N. G. Zaki, I. A. Khattab & N. M. Abd El-Monem,** Removal of some heavy metals by CKD leachate. Journal of Hazardous Materials, 147, pp.21–27. (2007)

186. **Y. Zerhouni, S. Alikouss, M. Samir, Z. Baroudi, N. Saber & S. Nfissi,** Approche Environnementale De Gestion Et De Rehabilitation Des Parcs A Residus Miniers Au Maroc. Workshop International : Patrimoine géologique et Développement durable de la Région de Rabat salé Zemmours Zaers. 14-16 Décembre 2010 à Rabat.

ANNEXE

Annexe I.1 : Législation marocaine dans le domaine de l'environnement

Les sites miniers abandonnés au Maroc ont généré de grandes masses de déchets riches en sulfures métalliques qui libèrent en s'oxydant des eaux acides fortement chargées en métaux. Le drainage des mines représente un danger potentiel pour les écosystèmes et pour la qualité des ressources en eau. Les lixiviats transportent des métaux lourds et des sels susceptibles de contaminer les nappes phréatiques et porter préjudice à l'égard de l'environnement et à la santé de la population.

La majorité des polluants miniers sont nocifs pour la faune et la flore tant dans le milieu terrestre qu'aquatique. Les lixiviats acides détériorent et détruisent toute forme de vie.

Dans le cas où le milieu peut tamponner l'acidité, les métaux lourds ont des effets néfastes sur les fonctions physiologiques des organismes par accumulation dans leurs tissus et à leur infiltration dans leur chaîne alimentaire. L'arsenic, le plomb, le cuivre, le zinc, le chrome, le nichel, le caduim….peuvent causer des cancers de poumons, du foie, de la vessie, de l'utérus, du rein et du colon, peuvent provoquer de l'asthme et des maladies cardiopulmonaires (Gosselin et al., 1986), aussi bien chez les mineurs que chez la population humaine vivant à proximité des parcs à résidus.

Les objectifs relatifs à l'environnement joueront un rôle capital dans le choix des mesures d'atténuation et dans leur conception. La surveillance à long terme des impacts environnementaux à toute mine en activité ou abandonnée exige la mise en œuvre d'une méthode qui vise à caractériser la couverture de terres et ses variations temporelles.

Le gouvernement marocain et plus particulièrement le Ministère de tutelle sur les mines est invité à proposer des directives concernant la maîtrise des dangers liés au dépôt des résidus miniers par une législation comportant des textes imposant une gestion des déchets qui résultent de la prospection, de l'extraction, du traitement et stockage de minéraux de mines ou des carrières actives ou fermées. Les textes doivent inclure la déposition d'une caution de garantie.

Ces textes obligeront l'exploitant à établir un plan de gestion des déchets basés sur les principes suivant:

- Réduire au maximum la production des déchets à la source.
- Encourager leur récupération au moyen du recyclage.
- Informer le grand public des accidents majeurs pouvant subvenir
- Effectuer un inventaire exhaustif des mines et des carrières fermés ou abandonnées.
- Collecter des fonds pour contrôler les DMA au niveau des sites miniers abandonnés.

Le Maroc s'est doté d'importantes lois dans le domaine de la protection de l'environnement. La loi 12-03 a été promulguée par le Dahir n° 1-03-60 du 12 mai 2003. En voici quelques articles de la loi marocaine 12/03 relative aux études d'impacts sur l'environnement et ses décrets :

Article 1: Au sens de la présente loi12/03, en entend par :

1 - "Environnement" : Ensemble des éléments naturels et des établissements humains, ainsi que des facteurs économiques, sociaux et culturels qui favorisent l'existence, la transformation et le développement du milieu naturel, des organismes vivants et des activités humaines.

2 - "Etude d'impact sur l'environnement " : étude préalable permettant d'évaluer les effets directs ou indirects pouvant atteindre l'environnement à court, moyen et long terme suite à la réalisation de projets économiques et de développement et à la mise en place des infrastructures de base et de déterminer des mesures pour supprimer, atténuer ou compenser les impacts négatifs et d'améliorer les effets positifs du projet sur l'environnement.

3 - " Acceptabilité environnementale " : décision prononcée par l'autorité gouvernementale chargée de l'environnement, en conformité avec l'avis du comité national ou des comités régionaux d'étude d'impact sur l'environnement, attestant de la faisabilité du point de vue environnemental d'un projet soumis à l'étude d'impact sur l'environnement.

Article 2 : Tous les projets mentionnés dans la liste annexée à la présente loi, entrepris par toute personne physique ou morale, privée ou publique, qui en raison de leur nature, de leur dimension ou de leur lieu d'implantation risquent de produire des impacts négatifs sur le milieu biophysique et humain, font l'objet d'une étude d'impact sur l'environnement.

Article 5 : L'étude d'impact sur l'environnement a pour objet :

1 - d'évaluer de manière méthodique et préalable, les répercussions éventuelles, les effets directs et Indirects, temporaires et permanents du projet sur l'environnement et en particulier sur l'homme, la faune, la flore, le sol, l'eau, l'air, le climat, les milieux naturels et les équilibres biologiques, sur la protection des biens et des monuments historiques, le cas échéant sur la commodité du voisinage, 'hygiène, la salubrité publique et la sécurité tout en prenant en considération les interactions entre ces facteurs;

2 - De supprimer, d'atténuer et de compenser les répercussions négatives du projet :

3 - De mettre en valeur et d'améliorer les impacts positifs du projet sur l'environnement;

4 - D'informer la population concernée sur les impacts négatifs du projet sur l'environnement.

Article 6 : L'étude d'impact sur l'environnement comporte :

1 - Une description globale de l'état initial du site susceptible d'être affecté par le projet, notamment ses composantes biologique, physique et humaine;

2 - Une description des principales composantes, caractéristiques et étapes de réalisation du projet y compris les procédés de fabrication, la nature et les quantités de matières premières et les ressources d'énergie utilisées, les rejets liquides, gazeux et solides ainsi que les déchets engendrés par la réalisation ou l'exploitation du projet :

3 - Une évaluation des impacts positifs, négatifs et nocifs du projet sur le milieu biologique, physique et humain pouvant être affecté durant les phases de réalisation, d'exploitation ou de son développement sur la base des termes de références et des directives prévues à cet effet;

4 - Les mesures envisagées par le pétitionnaire pour supprimer, réduire ou compenser les conséquences dommageables du projet sur l'environnement ainsi que les mesures visant à mettre en valeur et à améliorer les impacts positifs du projet;

5 - Un programme de surveillance et de suivi du projet ainsi que les mesures envisagées en matière de formation, de communication et de gestion en vue d'assurer l'exécution, l'exploitation et le développement conformément aux prescriptions techniques et aux exigences environnementales adoptées par l'étude;

6 - Une présentation concise portant sur le cadre juridique et institutionnel afférent au projet et à l'immeuble dans lequel sera exécuté et exploité ainsi que les coûts prévisionnels du projet;

7 - Une note de synthèse récapitulant le contenu et les conclusions de l'étude;

8 - Un résumé simplifié des informations et des principales données contenues dans l'étude destiné au public.

Article 8 : Il est institué, auprès de l'autorité gouvernementale chargée de l'environnement, un comité national et des comités régionaux d'études d'impact sur l'environnement. Ces comités ont pour mission d'examiner les études d'impact sur l'environnement et de donner leur avis sur l'acceptabilité environnementale des projets.

Article 19 : Les projets ayant reçu l'acceptabilité environnementale et qui ne sont pas réalisés dans un délai de cinq ans à compter de la date d'obtention de la décision, doivent faire l'objet d'une nouvelle étude d'impact sur l'environnement.

La loi sur l'eau (Loi 10/95) élaborée par le conseil supérieur de l'eau en 1995, répond aux exigences de la production de l'environnement pour un développement durable dans la mesure où un de ses chapitres est réservé à la production des eaux, notamment contre la pollution. Ce texte soumet à autorisation tout déversement sont de nature à nuire à la santé de l'homme, de la faune ou de la flore. Cette loi applicable en industrie minière prévoit un ensemble de sanction en cas d'infraction à ses dispositions, la pollution des eaux fait l'objet de telles sanctions.

Le projet de loi-cadre n°99-12 portant charte de l'environnement et du développement durable (ACES., 2012) traduit la détermination de notre pays à inscrire ses efforts de développement économique, social, culturel et environnemental dans une perspective durable, en veillant à ce que les stratégies sectorielles, les programmes et les plans d'action prévus soient menés dans le strict respect des exigences de protection de l'environnement et du développement durable.

Ce présent projet de loi-cadre :

- Enonce les droits et devoirs inhérents à l'environnement et au développement durable reconnus aux personnes physiques et morales et proclame les principes qui devront être respectés par l'Etat, les collectivités territoriales et les établissements et entreprises publics et leurs partenaires, tant au niveau de l'élaboration de leurs plans d'action qu'au niveau de leur exécution;

- Renforce la protection juridique des ressources et des écosystèmes et énumérant les types d'actions ou de mesures que l'Etat se propose de prendre dans le but de lutter contre toutes les formes de pollution et de nuisances et de procurer un niveau de protection élevé et efficace auxdits ressources et milieux;

- Définit les responsabilités et les engagements que toutes les parties concernées (Etat, collectivités territoriales, établissement et entreprises publics, entreprises privées, associations de la société civile et citoyens) doivent respecter en matière d'environnement et de développement durable;

- Prévoit les mesures d'ordre institutionnel, économique et financier dans le but d'instaurer un système de gouvernante environnementale caractérisé par l'efficacité et la cohérence des actions menées, notamment en termes d'évaluation, de sensibilisation, d'éducation et de communication sociale au service de l'environnement et du développement durable;

- Pose les jalons d'un système de responsabilité environnementale assorti d'un mécanisme de financement des réparations et d'indemnisation des dommages causés à l'environnement, et prévoit l'institution d'une police environnementale en vue de renforcer la capacité de l'Administration à veiller à la bonne application de la réglementation régissant l'environnement et le développement durable….

La Charte de l'environnement et du développement durable, consacre le droit de chaque personne à vivre et évoluer dans un environnement sain et de qualité qui favorise la préservation de la santé, l'épanouissement culturel et l'utilisation durable du patrimoine et des ressources qui y sont disponibles.

Ces lois malgré leur importance pour la protection de l'environnement, demeurent sans application pour les anciens projets ou les projets en cours mais Avec l'évolution des mentalités et sous la pression des pouvoirs publics et organismes non gouvernementaux, des études de projets d'assainissement et de réhabilitation des sites miniers abandonnés doivent être mises en place afin de préserver l'écosystème et la santé des populations.

Annexe I.2 : Principaux effets sur la santé humaine des métaux observés dans le drainage minier (Collon, 2003).

Elément	Effet sur la santé humaine
Arsenic (As)	- Aux faibles doses contenues dans l'eau : risques de cancers de la peau, affectation des muqueuses (rhinites, gingivites, ...), atteintes sanguines (anémie, ...) et digestives (gastro-entérites, atteintes hépathiques,...) - Absorption quotidienne de 3 à 6 mg ou absorption d'unes dose de 70 à 180 mg : poison mortel
Cadmium (Cd)	Exposition chronique : altérations de l'appareil digestif, des poumons et surtout des reins
Chrome (Cr)	- Cr (VI) : risque cancérogène important pour les embryons et fœtus. - Cr (III) : effets toxiques non démontrés. - Intoxications chroniques : altérations du tube gastro-intestinal
Cobalt (Co)	- Exposition chronique : ralentissement de l'activité de la glande thyroïde, et conséquences sur le système nerveux. Possibilités de cardiomyopathies.
Mercure (Hg)	- Exposition chronique : altérations du système nerveux et des reins. Toxique pour les enfants et les fœtus.
Nickel (Ni)	- Ni lui-même n'est pas toxique mais certains composés organiques le sont, comme le nickel tétracaarboyle, et possèdent un fort potentiel allergène et mutagène.
Plomb (Pb)	- Exposition chronique : effets toxiques sur le système nerveux central et périphérique. Risque de développer le saturnisme chez les enfants. Troubles de la reproduction, insuffisances rénales et encéphalopathies chez l'adulte, à fortes doses.
Zinc (Zn)	- Troubles digestifs et nausées - Ingestion de chlorure de zinc peut entrainer des lésions caustiques sérieuses du tube digestif

Annexe II.1 : Photographies des endroits et résidus à Kettara

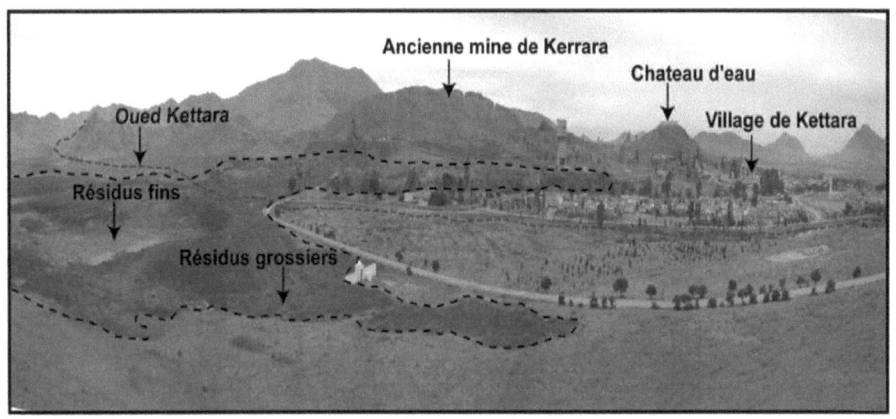

Photo II.1.1. Vue panoramique du village de Kettara.

Photo II.1.2. Divers services entourés par les rejets polluants de Kettara.

Annexe III.1 : Emplacement des échantillons d'eaux de puits (Extrait de la carte de jbel Sarhlef (e : 1/50000))

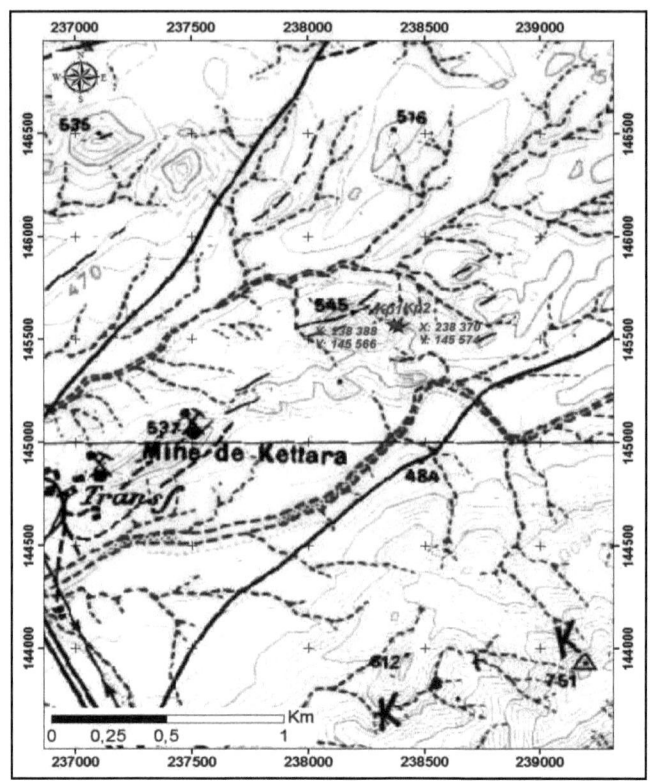

Annexe III.2 : Photographies de la centrale thermique de Jorf Lasfar (JLEC) et la carrière de stockage de FA

Photo III.2.1. Vue générale de la Centrale Thermique de Jorf Lasfar.

Photo III.2.2. Carrière de stockage des cendres volantes (Jorf Lasfar).

171

Annexe III.3 : Compositions chimiques des métaux lourds (ppm) des eaux de puits de Kettara

Eléments chimiques (mg/l)	pH	As	Cd	Co	Cr	Cu	Fe	Hg	Ni	Pb	Zn
Ep$_1$	7,97	0,02	≤0,001	0,001	0,001	0,04	0,3	≤0,005	0,002	0,002	0,05
Ep$_2$	7,61	0,009	≤0,001	0	≤0,001	0,01	0,23	≤0,005	≤0,001	0,008	0,05

a

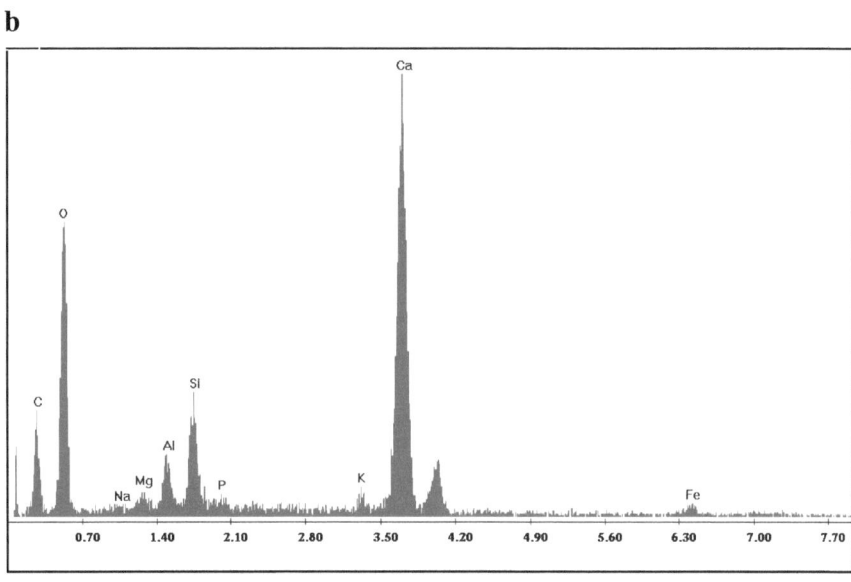

b

Figure. III.4.1. Morphologie (a) et composition chimique (b) des CKD.

a

b

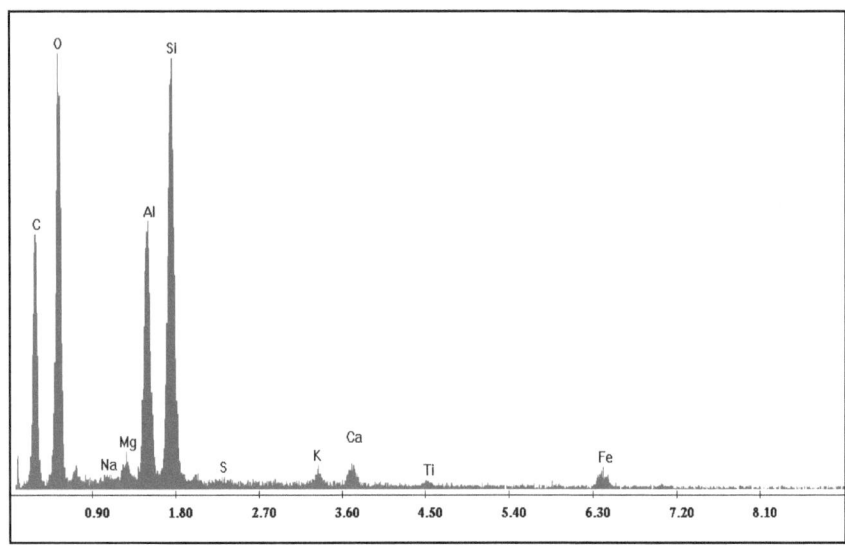

Figure. III.4.2. Morphologie (a) et composition chimique (b) des FA.

Annexe IV.1 : Cinétique des mesures ponctuelles (pH, CND…) des lixiviats des essais cinétiques préliminaires

pH (Jours)	7	10	15	60	67	74	81	88	95	102	109	123	130	137	144	151	158	165	172	179	515	522	529	536
E1	6,4	6,08	6,33	6,24	6,81	6,91	6,45	6,55	6,46	6,48	6,5	6,48	6,4	5,96	5,99	5,97	5,96	5,95	5,95	5,95	6,67	6,25	6,34	6,33
E2	6,07	6,1	7	6,88	6,75	6,81	6,65	6,67	6,7	6,73	6,72	6,73	6,6	6,68	6,65	6,55	6,5	6,72	6,7	6,7	6,99	6,73	6,65	6,71
E3	6,56	6,42	7,01	6,97	7,2	6,96	7,01	7,06	7,07	7,09	7,11	7,14	7,14	7,13	7,14	7,16	7,15	7,17	7,17	7,17	7,59	7,29	7,09	7,13
E4	6,26	6,65	7,06	6,66	6,74	6,92	6,95	6,96	6,97	6,85	6,87	6,87	6,92	6,93	6,9	6,95	7,03	6,96	6,94	6,94	7,3	6,95	6,81	6,86
E5	5,14	5,89	6,22	5,63	5,67	5,72	5,89	6,53	6,52	6,54	6,45	6,46	6,47	6,46	6,49	6,48	6,48	6,55	6,55	6,54	6,76	6,5	6,47	6,51
E6	4,23	4,68	4,01	5,38	5,37	5,37	5,56	5,49	5,48	5,52	5,58	5,6	5,56	5,6	5,53	5,49	5,5	5,55	5,55	5,55	4,92	5,12	5,26	5,41
E7	4,42	4,1	4,5	4,13	4,34	4,42	4,45	4,46	4,59	4,4	4,51	4,62	4,46	4,46	4,54	4,51	4,65	4,68	4,61	4,67	4,44	4,23	4,3	4,5

Tableau IV. 1.1. Cinétique des mesures ponctuelles de pH des lixiviats des 7 colonnes.

Conductivité (µs/cm)	7	10	15	60	67	74	81	88	95	102	109	123	130	137	144	151	158	165	172	179	515	522	529	536
E1	2000	2580	2480	2440	1920	1240	756	915	571	562	980	952	952	928	967	970	957	907	907	907	961	976	950	972
E2	309	2500	2538	2150	1769	1631	1434	1332	989	915	930	928	1084	591	590	596	554	447	448	448	558	485	558	526
E3	6.42	1244	779	1008	988	1024	974	893	877	878	566	564	575	538	439	421	416	414	414	414	394	420	512	436
E4	5.21	930	453	2810	1567	1386	1337	1331	1400	1216	1120	1102	1163	1143	1023	690	496	448	449	448	408	451	612	581
E5	1037	2320	1524	1570	1451	1351	1265	1255	1232	854	876	1025	680	699	816	805	921	980	980	980	959	986	987	976
E6	794	2930	1553	1473	1433	1366	1445	1430	1408	1010	997	919	970	1142	1124	1200	1098	987	987	987	1098	1056	996	991
E7	2,77	9330	5090	4210	2720	2924	2788	2687	2647	2618	2600	2528	2578	2572	2600	2591	2496	2604	2606	2605	2752	2795	2805	2797

Tableau IV. 1.2. Cinétique des mesures ponctuelles de la conductivité des lixiviats des 7 colonnes.

Alcalinité (mg CaCO₃/l)

CaCO₃/l	60	67	74	81	88	95	102	109	123	130	137	144	151	158	165	172	179	515	522	529	536
E1	27,78	41,15	58,3	48	56,52	48	50,2	53,84	50,2	49,2	21,5	21,98	21,5	21,5	21,5	21,5	21,5	38,96	29,1	29,3	29,28
E2	47,62	36,7	41,4	34,93	35,71	36,53	36,7	36,7	36,7	34,78	35,71	34,93	34,2	34,2	36,7	36,7	36,7	66,67	44,2	41,88	43,24
E3	74,76	111,11	74,76	75,31	89,11	89,11	92,78	100	109,1	109,1	104,4	109,1	109,59	109,59	110,1	110,1	110,1	121,21	113,92	104,4	105,56
E4	38,1	38,1	60,74	64,75	64,98	65,2	59,36	59,63	59,63	65,42	61,03	60,46	64,75	68,18	64,98	64,98	64,98	95,02	92,1	85,36	86,42
E5	14,1	14,3	14,78	14,7	16,67	16,67	16,76	15,79	15,87	15,96	15,87	16,04	16,04	16,04	16,76	16,76	16,76	59,41	37,5	36,14	37,5
E6	12,34	12,3	12,3	11,41	11,32	11,54	11,36	11,54	14,02	11,36	14,02	11,36	11,32	11,36	11,4	11,4	11,4	10,6	15,72	22,01	23,25

Tableau IV. 1.3. Cinétique des mesures ponctuelles de l'alcalinité des lixiviats des 7 colonnes.

Acidité (mg CaCO₃/l)

CaCO₃/l	60	67	74	81	88	95	102	109	123	130	137	144	151	158	165	172	179	515	522	529	536
E1	37,5	36	33,33	36,58	36,29	36,58	36,44	36,29	36,44	37,03	38,46	37,97	38,46	38,46	39,13	39,13	39,13	33,5	37,66	34,93	34,93
E2	28,92	30,56	29,42	30,84	30,7	30,61	30,56	30,56	30,56	31,25	30,7	30,84	38,02	38,31	30,56	30,56	30,56	24,4	25,42	29,54	28,68
E3	20,08	17,93	20,16	19,04	18,86	18,86	18,77	18,69	18,6	18,6	18,6	18,6	18,43	18,43	18,01	18,01	18,01	15,9	16,4	17,2	13,33
E4	28,67	28,21	27,86	27,78	27,78	27,6	28,12	28,03	28,03	27,86	27,77	27,95	27,78	27,35	27,78	27,78	27,78	23,6	24,02	25,9	22,92
E5	52,63	48,78	46,08	45	44,05	44,24	43,85	43,95	43,95	43,8	43,95	43,9	43,9	43,9	43,85	43,85	43,85	31,25	33,33	33,83	33,46
E6	81,63	84,21	84,21	80,8	81,63	81,63	81,22	80,4	80	80,8	80	81,22	81,63	81,52	80,8	80,8	80,8	101,01	103,62	102,04	100,5
E7	218,75	208,3	204,2	200	199,2	193,55	202,53	195,83	192,62	199,2	199,2	192,31	202,53	188,68	183,33	183,33	183,33	190,9	194,2	189,05	177,78

Tableau IV. 1.4. Cinétique des mesures ponctuelles de l'acidité des lixiviats des 7 colonnes.

Annexe IV.2 : Cinétique des mesures ponctuelles en Mn et Zn des lixiviats des sept colonnes

Mn (mg/l)	172	515	522	529	536
E1	<0,002	<0,002	3,72	<0,002	5,1
E2	<0,002	<0,002	<0,002	<0,002	<0,002
E3	<0,002	<0,002	<0,002	<0,002	<0,002
E4	<0,002	0,01	0,04	<0,002	<0,002
E5	<0,002	<0,002	0,04	<0,002	<0,002
E6	<0,002	<0,002	0,04	<0,002	<0,002
E7	<0,002	<0,002	4,81	<0,002	<0,002

Zn (mg/l)	172	515	522	529	536
E1	<0,05	0,04	<0,05	0,01	<0,05
E2	<0,05	0,05	<0,05	<0,05	<0,05
E3	<0,05	0,05	<0,05	<0,05	<0,05
E4	<0,05	0,05	0,12	<0,05	<0,05
E5	<0,05	<0,05	0,15	<0,05	<0,05
E6	<0,05	<0,05	0,23	<0,05	<0,05
E7	<0,05	1,24	2,09	2,04	<0,05

Annexe IV.3 : Dispositif expérimental des essais cinétiques en colonnes

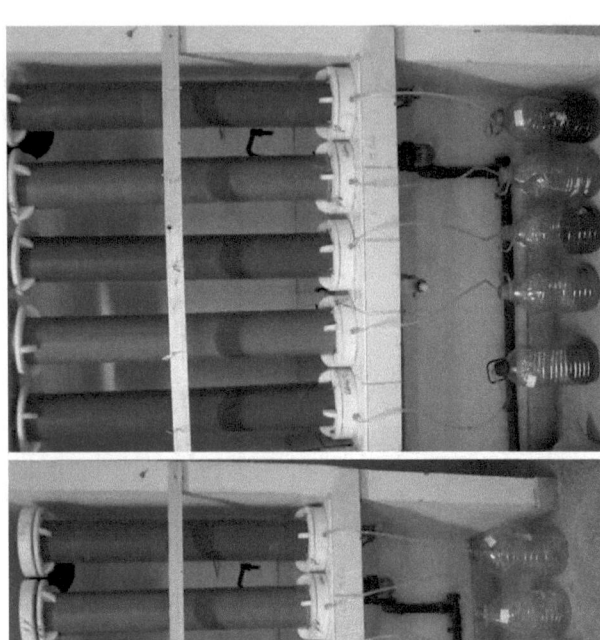

Annexe IV.4 : Quantité de matériaux calculés et placés dans les colonnes (en grammes)

Colonnes	Echantillons	Densité (g/cm3)	Mh (10cm) (g)	Mh (40cm) (g)	Mh (20cm) (g)	Mh (15cm) (g)
Colonne 1	TK	2.48	2601.41	10405.62	–	–
	TK	2.48	2601.41	10405.62	–	–
Colonne 2	M_1	2.67	2890.03	–	5780.06	–
	TK	2.48	2601.41	10405.62	–	–
Colonne 3	M_2	2.52	2987.95	–	5975.89	–
	TK	2.48	2601.41	10405.62	–	–
Colonne 4	M_2	2.52	2987.95	–	5975.89	–
	M_1	2.67	2890.03	–	5780.06	–
	TK	2.48	2601.41	10405.62	–	–
Colonne 5	M_2	2.52	2987.95	–	–	4481.92
	M_1	2.67	2890.03	–	–	4335.05

179

Annexe IV.5: Cinétique des mesures ponctuelles des lixiviats des cinq colonnes

pH	R1	R2	R 3	R4	R5	R6	R7	R8	R9	R10	R11	R12	R13	R14	R15	R16	R17	R18	R19	R20	R21	R22
Colonne 1	1,68	1,72	1,53	1,64	2,18	2,02	1,76	1,94	2,09	2,14	2,18	2,21	2,19	2,23	2,2	2,21	2,24	2,3	2,33	2,2	2,06	2,12
Colonne 2	2,7	2,78	2,63	2,63	3,42	3,1	2,78	3,19	3,37	3,31	3,28	3,3	3,4	3,45	3,49	3,51	3,53	3,56	3,56	3,74	3,85	3,83
Colonne 3	2,57	2,69	2,72	2,37	3,19	2,91	2,73	2,94	3,3	3,27	3,19	3,32	3,38	3,31	3,3	3,38	3,4	3,47	3,42	3,53	3,59	3,61
Colonne 4	2,8	2,65	2,75	2,86	3,38	3,14	2,79	2,98	3,41	3,66	3,72	3,84	3,95	4,08	4,03	4,2	4,2	4,35	4,4	4,49	4,57	4,57
Colonne 5	2,64	2,73	2,81	2,79	3,48	3,24	3,36	3,66	3,74	3,81	3,75	3,89	3,94	4,03	4,15	4,17	4,23	4,37	4,39	4,58	4,77	4,79

R : Rinçage

Tableau IV. 5.1. Cinétique des mesures ponctuelles de pH des lixiviats des cinq colonnes.

Eh (mV)	R1	R2	R 3	R4	R5	R6	R7	R8	R9	R10	R11	R12	R13	R14	R15	R16	R17	R18	R19	R20	R21	R22
Colonne 1	484	472	550	519	450	465	510	497	458	417	398	372	372	368	366	368	362	359	355	366	371	369
Colonne 2	343	339	347	368	348	381	389	370	366	321	316	296	295	289	278	277	276	274	274	271	267	270
Colonne 3	350	344	342	398	388	403	389	372	367	319	320	292	290	292	292	290	286	280	287	276	271	259
Colonne 4	298	286	291	365	350	343	363	360	351	365	298	271	269	247	248	239	239	231	228	226	220	220
Colonne 5	276	278	238	398	415	342	356	332	295	289	265	256	253	249	242	240	238	235	235	231	224	221

Tableau IV. 5.2. Cinétique des mesures ponctuelles de Eh des lixiviats des cinq colonnes.

Conductivité (µs/cm)	R1	R2	R3	R4	R5	R6	R7	R8	R9	R10	R11	R12	R13	R14	R15	R16	R17	R18	R19	R20	R21	R22
Colonne 1	9560	5320	5830	5160	17340	15930	16390	17150	16870	17160	17190	17200	17190	16900	13730	13710	13570	13570	13360	13680	13880	13760
Colonne 2	18320	6320	9050	6730	8010	7200	7840	6510	7460	7330	9460	6080	6100	6080	5880	5880	5680	5660	5650	5420	5220	5250
Colonne 3	25200	7230	5000	5100	12500	10670	10620	9390	9180	9450	9010	6690	6680	6810	6920	6700	6520	6450	6490	5820	5750	5710
Colonne 4	25800	12600	4280	4830	8030	7040	4470	4350	4560	6890	8230	4990	4970	4270	4270	4350	4350	4050	3770	3750	3550	3540
Colonne 5	1060	10060	5380	4180	7090	3680	3510	3370	3020	3670	4810	4040	4020	4000	3980	3960	3940	3910	3890	3700	3560	3520

Tableau IV. 5.3. Cinétique des mesures ponctuelles de la conductivité des lixiviats des cinq colonnes.

Acidité (mgCaCO₃/l)	R1	R2	R3	R4	R5	R6	R7	R8	R9	R10	R11	R12	R13	R14	R15	R16	R17	R18	R19	R20	R21	R22
Colonne 1	958,72	913,13	995,48	983,6	791,87	828,68	915,5	865,93	816,2	812,6	791,87	598,6	599,2	596,5	598,97	598,6	597,5	595,8	595,1	599,06	608,32	607,57
Colonne 2	437,4	434,04	524,38	524,4	359,6	373,81	433,5	371,41	366,08	369,6	370,33	369,58	362,3	359,7	358	358	356,1	350,76	350,76	344,02	341,24	342,51
Colonne 3	578,64	563,15	519	601,86	429,13	473,14	479,78	471,56	426,17	427,29	429,12	400,4	399,3	402,9	409,6	399,83	382,25	383,3	385,5	383,71	379,72	376,88
Colonne 4	403,25	464,51	444,87	486,48	375,21	347,27	459,84	385,61	342,78	301,24	291,99	278,76	265,66	228,3	228,34	259,85	259,85	257,66	250,93	248,9	247,27	247,56
Colonne 5	489,7	483,3	472,68	481,45	277,34	319,6	301,13	286,12	270,14	239,96	256,86	238,3	209,5	204,1	200,45	200,45	199,4	198,81	198,81	194,91	192,11	188,55

Tableau IV. 5.4. Cinétique des mesures ponctuelles de l'Acidité des lixiviats des cinq colonnes.

Annexe IV.6 : Cinétique des mesures ponctuelles en Mg et Mn des lixiviats des cinq colonnes

Mg (mg/l)	R 3	R4	R5	R6	R13	R14	R15	R16
Colonne 1	555	379	317	280	413	390	321	273,5
Colonne 2	1432	610	248	133	148	100	93	83,7
Colonne 3	281	170	198	220	577	400	323	310
Colonne 4	857	462	299	200	174	150	139	108
Colonne 5	565	296	219	211	118	100	49	51

Mn (mg/l)	R 3	R4	R5	R6	R13	R14
Colonne 1	26	17	15	13	12	11
Colonne 2	109	60	22	10	5	4
Colonne 3	14	6	6	6	17	16
Colonne 4	33	13	7	4	5	4
Colonne 5	23	12	6	6	2	2

Annexe IV.7: Quantités des matériaux des colonnes (en g et en %)

Colonnes		Quantités (g)	Pourcentage (%)
Colonne 1	TK	10405,62	100
Colonne 2	TK	10405,62	64,3
	CKD + FA	5780,06	35,7
Colonne 3	TK	14389,54	87,84
	CKD + FA	1991,963	12,2
Colonne 4	TK	14389,54	64,9
	CKD + FA	7772,023	35,1
Colonne 5	TK	13393,57	69,7
	CKD + FA	5829,023	30, 32

Annexe IV.8 : Volume récupéré des lixiviats des colonnes (en ml)

Volume (ml)	R1	R2	R 3	R4	R5	R6	R7	R8	R9	R10	R11	R12	R13	R14	R15	R16	R17	R18	R19	R20	R21	R22
Colonne 1	1500	1923	1910	1890	1885	1880	1820	1790	1825	1910	1830	1790	1840	1896	1891	1872	1880	1820	1780	1880	1879	1881
Colonne 2	215	1530	1555	1565	1575	1600	1680	1726	1735	1725	1700	1610	1615	1800	1749	1673	1816	1780	720	1045	992	980
Colonne 3	1000	1885	1820	1815	1820	1835	1810	1785	1780	1740	1740	1725	1830	1845	1787	1866	1832	1680	1050	1290	1245	1212
Colonne 4	430	1755	1745	1735	1795	1750	1680	1650	1625	1665	1485	1465	1315	1350	1501	1490	1392	1310	556	678	768	753
Colonne 5	600	1610	1650	1610	1620	1700	1700	1610	1615	1585	1440	1325	1320	1353	1425	1390	1358	1298	650	722	709	700

184

Printed by Books on Demand GmbH, Norderstedt / Germany